幸福早晚餐
10分钟轻松做

赵玉梅◎主编

中国医药科技出版社

内容提要

一日之计在于晨，早餐对人们全天膳食营养的摄入、保持健康状况、提高工作和学习效率至关重要；而经过一天的工作和学习，也需要足够的晚餐营养来补充流失的体力。但很多人会觉得做饭是一件很浪费时间的事情，进而转向早餐店、饭店来解决自己的吃饭问题，久而久之，营养没跟上不说，还容易毁害身体。

本书用科学系统的方法教你用最短的时间，烹出最美味的食物，轻松搞定怎么吃、吃多少、怎么吃好的问题。本书适合上班族、做饭新手、美食爱好者阅读。

图书在版编目（CIP）数据

幸福早晚餐：10分钟轻松做／赵玉梅主编 . —北京：中国医药科技出版社，2015.4

ISBN 978 - 7 - 5067 - 7198 - 6

Ⅰ. ①幸…　Ⅱ. ①赵…　Ⅲ. ①食谱　Ⅳ. ①TS972. 12

中国版本图书馆 CIP 数据核字（2014）第 288666 号

责任编辑　白　极
美术编辑　杜　帅
版式设计　黄孟丽

出版　中国医药科技出版社
地址　北京市海淀区文慧园北路甲 22 号
邮编　100082
电话　发行:010 - 62227427　邮购:010 - 62236938
网址　www. cmstp. com
规格　710 × 1020mm$^1/_{16}$
印张　15. 5
字数　200 千字
版次　2015 年 4 月第 1 版
印次　2015 年 4 月第 1 次印刷
印刷　北京金特印刷有限责任公司
经销　全国各地新华书店
书号　ISBN 978 - 7 - 5067 - 7198 - 6
定价　32. 80 元
本社图书如存在印装质量问题请与本社联系调换

前　言

　　每人每天一定要做的一件事情就是吃饭，只有把饭吃好，才能有活力去迎接每一天。有的人说，我每天没干什么，吃的少点吧，省得发胖；也有的人说，每天吃什么都一样，凑合点得了；还有的人嗜吃如命，问他在做什么，他的回答一定是吃饭呢。殊不知，这样的饮食是非常不健康的。吃的少不一定就不会胖；随便凑合是简单，可是受苦的就是自己的胃；吃尽美食，过了嘴瘾，可是胃的负荷严重超标，等它开始抗议时，为时已晚。

　　也许有的人会觉得说的有些夸大，可是很多事实证明，许多疾病都是由一点一点的隐患堆积而成的。而早、晚餐吃的不合理就会给你自身带来隐形的危害，这些危害是你不易察觉的。

　　不吃早餐精力不集中，情绪低落。经过一晚上的消化，前一天所吃的晚饭已经消耗得差不多了，体内血糖指数较低，这时如果不吃早餐补充能量，就会使以葡萄糖为能源的脑细胞活力不足，人就会出现疲倦、精神难以集中和记忆力下降的症状，反应迟钝。

　　不吃早餐容易衰老。不吃早餐人体就会动用体内储存的糖原和蛋白质，时间长了会导致皮肤干燥、起皱和贫血。早餐提供的能量和营养在全天的能量摄取中占有重要的地位，不吃早餐或者早餐质量不好是全天营养摄入不足的主要原因之一。

　　不吃早餐容易引发肠炎。不吃早餐，午餐必然会因为饥饿而大量进食，消化系统一时之间负担过重，而且不吃早餐打乱了消化系统的活动规

1

律，容易患肠胃疾病。

不吃早餐罹患心血管疾病的机会加大。因为经过一夜的空腹，人体血液中的血小板黏度增加，血液黏稠度增高，血流缓慢，明显增加了患中风和心脏病的风险。缓慢的血流很容易在血管里形成小血凝块而阻塞血管，如果阻塞的是冠状动脉，就会引起心绞痛或心肌梗死。

不吃早餐容易发胖。不吃早餐，中餐吃的必然多，身体消化吸收不好，最容易形成皮下脂肪，影响身材。

早餐的不注意，对你的身体是一种影响，晚餐亦然。

晚餐经常摄入过多热量，可引起血胆固醇增高，过多的胆固醇堆积在血管壁上，久而久之就会诱发动脉硬化和冠心病。

大量的临床医学和研究资料证实，晚餐经常进食荤食的人比经常进食素食的人，血脂一般要高 3~4 倍。而患高血脂、高血压的人，如果晚餐经常进食荤食，等于火上加油，使病情加重或恶化。

晚餐过饱，血中糖、氨基酸、脂肪酸浓度就会增高，再加之晚上人们活动量小，热量消耗少，多余的热量在胰岛素的作用下合成脂肪，逐渐使人发胖。晚餐过饱，必然有部分蛋白质不能被消化吸收，这些物质在肠道细菌的作用下，产生一种有毒有害的物质，再加之睡眠时肠壁蠕动减慢，相对延长了这些物质在肠道的停留时间，促进大肠癌的发生。

中医认为"胃不和卧不安"，晚餐过饱，必然造成胃肠负担加重，紧张工作的信息不断传向大脑，使人失眠、多梦等，久之易引起神经衰弱等疾病。

随着知识的普及，越来越多的人认识到早、晚餐吃的不合理会给身体带来很大的危害，从而也越来越重视早、晚餐，但是有许多人刚开始还可以坚持，但是久而久之，会觉着做饭好累，耗费时间，其实那只是你没有找到合适的方法，而本书正是着眼于此，以简单却不失营养，用时短却不省料为宗旨，讲解了数百道早、晚餐的做法。

譬如文中提到的火腿西多士搭配一杯热牛奶、豆渣饼搭配一碗美味的皮蛋瘦肉粥、松软的面包卷搭配燕麦片等，都不失为一道道简易不复杂而营养又丰富的早餐。早餐若能吃点含碱性物质的蔬菜、水果，就能达到膳食酸碱平衡及营养素的平衡。以清淡、营养均衡、能量不要过高、水分充足为主要原则，进行合理的早餐膳食搭配即可。

而晚餐的搭配同样需要格外的注意，譬如文中提到的木瓜炒肉、红烧茄子、香菇扒菜心等，搭配一碗香喷喷的米饭，不油腻又好消化。如果说晚上想留出更多的休息时间，那么一碗营养美味的汤足矣，譬如手撕菇排骨汤、银耳莲子羹、魔芋丝瓜汤等，都不失为晚餐的首选。晚餐除了要吃的清淡一点，同时也要注意晚饭的量以及时间。

晚上人们睡觉休息，身体活动量降到最小值，同时，身体在生理状态下也不同于白天。如果晚餐摄入过多的营养物质，日久体内脂肪越积越多，人体就会发胖，同时又增加心脏负担，给健康带来不利因素。晚餐吃得太饱，还会出现腹胀，影响胃肠消化器官休息，引起胃肠疾病。古人言"饮食即卧，不消积聚，乃生百疾"。所以，晚餐要少吃一些，以吃含脂肪少、易消化的食物为佳。而晚饭吃的太晚，食物就不能及时消化，对于身体而言是一个极大的负担。专家认为，晚餐过迟可引起尿结石。尿结石的主要成分是钙，而食物中所含的钙除了一部分是通过肠壁被机体吸收外，多余的则全部由小便排出。人们排尿的高峰时间是饭后4~5小时，而晚饭吃得过迟，人们不再进行剧烈活动，会使晚饭后产生的尿液全部滞留在膀胱中。这样，膀胱尿液中钙的含量会不断增加，久而久之，就形成了尿结石。因此，晚餐不宜进食太迟，至少要在就寝前两小时就餐。

女生要想保持好身材，那么早餐一定要吃；如果想让家人的身体更健康、营养更均衡，做一顿搭配合理的晚餐再合适不过。对于做饭的你来说，一定会经常去想晚上吃什么呢？做什么营养才能更丰富呢？那么翻开本书，你一定会有意想不到的收获，每一道菜的制作，每一道菜的营养价值，书中都有写到，同时还有贴心的"饮食宜忌"小专栏，让你不会再为这道菜适不适宜家人吃而苦恼。在你的努力下，家人的气色越来越好，身体越来越健康时，再回头想一想你曾经的懊恼就是那么的不值一提。虽然书中列举的菜肴有限，但是通过菜色的搭配，足够让你变换花样做出一道道美味营养的早、晚餐，同时，也诚挚地邀请读者朋友对于菜品的搭配提出自己的想法和意见。

衷心的希望读者朋友阅读本书后，可以在饮食上更加的合理化，身体越来越健康。

赵玉梅

2014 年 12 月

目录
Contents

1

happy life

2

happy life

③

happy life

happy life

美味易消化的皮蛋瘦肉粥

皮蛋瘦肉粥中粳米含有的粗纤维成分，能促进血液循环，而且能够加速肠胃蠕动，能预防糖尿病和高血压。皮蛋瘦肉粥中猪肉含有蛋白质和脂肪酸，能够改善贫血症状，补给血红素和促进铁吸收。皮蛋瘦肉粥中松花蛋含有较多矿物质，能够增进食欲，同时松花蛋属碱性，能中和多余的胃酸。皮蛋瘦肉粥因质地黏稠、口感顺滑、好消化而受老年人的喜爱，但是老人不能常吃皮蛋瘦肉粥。

（注：粳米和大米是两种不同的水稻，形状一样，色泽上稍微有一点差别。而大米更为人们所熟知，在这里以大米代替粳米来讲述做粥的过程，如果家中有粳米的朋友，也可按照下述方法来制作皮蛋瘦肉粥。）

【食材用料】

大米 150 克、皮蛋 2 个、猪瘦肉 90 克、水适量、盐适量、鸡精 1/4 勺、料酒 1/2 勺、淀粉 1/2 勺、香油 1 小勺

【饮食做法】

1. 将大米放入大碗中，加水揉搓后，洗净，放入水中浸泡 30 分钟。

1

2. 将泡过的大米再度洗净，沥去水后倒入锅中，加入水适量，水量约为平时煮饭的 2 倍。盖上锅盖，按下开关开始煮。

3. 瘦肉浸泡出血水后，再冲洗干净，切成肉丝，放入盐适量、鸡精 1/4 勺、料酒、淀粉，抓拌均匀后腌制 10 分钟。

4. 皮蛋剥皮，切成小丁。

5. 粥煮开后锅盖挪开一些留出缝隙，避免扑锅，煮至 10 分钟左右，粥水渐浓后，拿开锅盖不时用勺搅动。

6. 另用一口煮锅，倒入少量水，水煮开后，下肉丝，用筷子拨散，煮至全部颜色变浅。

7. 捞出肉丝后，用温水冲洗去浮沫，沥去水。

8. 粥要煮得米完全熟透，粥水也比较稠后再放入肉丝、皮蛋，盐适量、鸡精 1/4 勺、再煮 1 分钟左右，用勺子不断搅动，放入香油，搅匀后盛出即可。

【美味小贴士】

1. 瘦肉事先用调料腌制一下有了咸鲜味，最后和粥再一起煮，这样吃起来口感较好。

2. 煮粥时根据自己家所用的是电饭锅还是煮锅可以自行调整煮制时间，煮到粥水渐浓后要用勺不时搅动，这样避免粥粘到锅底。

3. 煮肉丝时间较短，肉丝全部变白后即捞出，时间长，肉的口感易老。

【饮食宜忌】

● 皮蛋瘦肉粥不宜与马苋耳同食，否则会导致心痛。

● 皮蛋瘦肉粥不宜与乌梅同吃，会反酸。

● 皮蛋瘦肉粥不宜与牛奶同吃，易腹泻。

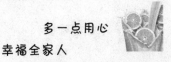
增加食欲的五彩水果麦片

牛奶、麦片、水果的巧妙组合，搭配一块香甜松软的面包或是蛋糕，再来一颗煮鸡蛋，蛋白质、膳食纤维、微量元素及丰富的维生素全都囊括其中，一顿营养丰富的阳光早餐，给你带来十足的活力。

【食材用料】

各种水果适当、甜麦片一人份、酸奶两大勺、无彩糖粒若干（没有也可，仅为装饰所用）

【饮食做法】

1. 将各种水果切成小块，水果最好选择色彩丰富的当季水果。

2. 甜麦片一人份放入透明的碗或者杯子里。

3. 把切好的水果放在麦片上面。

4. 最后浇上酸奶，再撒上彩色糖装饰一下。如果不喜欢酸奶的，也可以用奶油代替。

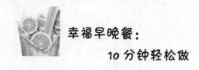
【美味小贴士】

水果的选用可根据自己口味决定，除火龙果、猕猴桃外，香蕉、圣女果（小西红柿）、芒果、菠萝等也是很好的选择。

【饮食宜忌】

● 煮牛奶。现在市售的牛奶都是经过高温灭菌处理的，开袋即食。建议大家牛奶能不加热就不加热，开袋直接饮用最佳。必须热喝的话，一定要注意，加热时间不能太长，温度不能过高，因为长久高温加热会破坏牛奶中的营养成分。煮牛奶最适宜的温度是75℃。

● 麦片的选择。麦片建议选择原味的，混合麦片有浓郁的麦香、果香和甜味儿，是使用了香味添加剂及糖的原因，增加了热量。快熟麦片或免煮麦片冲泡比较方便，因为牛奶不宜长时间高温加热，如果觉得麦片较硬，多浸泡一会儿就会变得软烂了。

生 活 小 知 识

目前市场上出售的燕麦片种类很多，但主要有纯麦片、果味混合麦片和速溶营养麦片三类。这三种麦片因为深加工、熟化过程及成分添加等原因，在营养价值上具有一定的差别。

减肥"妹妹"最适合吃纯麦片

关键词：纯麦片

口味指数：★★

纯麦片从形态上来看是压碎的麦片，基本上没有添加其他成分，会散发出一种淡淡的天然麦香，但口味淡，需要添加牛奶等调味。

方便指数：★★★

纯麦片分即食麦片和煮食麦片两类，前者经过高温处理，已经是熟的，食用时只需要加热水或者热牛奶冲调，或是加热 3 分钟就能食用了。而煮食麦片是由生麦片制成的，需要煮 20~30 分钟才能食用。

营养指数：★★★★★

从营养价值来看，纯麦片比起水果味、牛奶味、速溶营养麦片等其他各类麦片都要高。因为在加工过程中没有过多的加工工艺，只是简单地将燕麦压制成麦片，保证了谷类的完整性。营养学家的观点是，这种整谷类食物的营养成分保留得最为全面，尤其是各种矿物质和维生素。

除了原有营养成分外，因为原味纯麦片没有添加蔗糖、盐、香精等原料，不会产生额外的热量，所以，原味麦片最适合减肥的女孩儿饮用。

别用果味混合麦片引诱孩子

关键词：果味混合麦片

口味指数：★★★★★

随着人们对麦片口味的追求，许多生产厂家将一些果味混入麦片产品，市场上出现了牛奶味、巧克力味、水果味等混合麦片，因为口感丰富，特别受年轻人和孩子的喜爱。

方便指数：★★★★

这类果味混合麦片大多是熟麦片，使用牛奶或水冲泡就可以食用了，比较方便。

营养指数：★★★

果味混合麦片往往需要进行深加工后重新压制成麦片，这一过程会导致维生素等营养成分有所流失。此外，许多果味混合麦片所散发的果香、奶香味，都是经过特殊调配的。比如市场上出售的一些奶香型麦片，并不是加入了真正的牛奶，而是用牛奶香精、蔗糖等材料代替的。同理，一些水果味麦片也并不是实实在在地加添加了果料，而是由相应口味的水果香精制作而成的。

　　这类添加的香精大多是化学合成产生的，不过因为都是有限制地加入麦片中，所以少量摄入对人体的危害不大，也能通过新陈代谢排出体外，但对人体总没有好处，尤其对孩子而言，应尽可能少摄入。因此建议家长，尽可能让孩子食用原味纯麦片，果味混合麦片可以作为调剂口味尝尝。

速溶营养麦片营养流失最多

关键词：速溶营养麦片

口味指数：★★★★

为了追求速溶麦片的口感，不少营养麦片会添加植脂末等材料，食用时会有香浓的奶味，口感不错。

　　方便指数：★★★★★

对于办公室白领而言，速溶营养麦片应该是最为熟悉的了，只要加入清水就能冲出浓浓奶香的麦片粥，不但充当了匆忙上班族的早餐包，还能在下午茶时间泡一杯作充饥之用。

营养指数：★★

尽管标注着"营养麦片"的名头，但因为这类麦片往往经过粉碎精加工，其营养价值却是流失得最多的，比如存在于燕麦麸皮中的膳食纤维，会因为粉碎精制而损失。从营养学角度来说，整谷类、简单加工而成的产品，营养价值最高。像现在的大米，许多经过外层抛光处理，虽然外表光鲜亮丽，但营养成分却流失得很快。

　　仔细阅读速溶营养麦片的配料单，不难发现有些产品中会添加植脂末等成分来改善口味，而植脂末即通常所说的奶精。奶精的主要成分为糊精、香精、氢化油。氢化油就是平常所说的反脂肪酸，从科学角度讲，长期、过多食用会对人体有害，因为它能改变身体的正常代谢，增加罹患心血管病的概率。

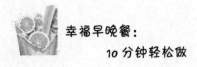
松软迷人的香肠面包卷

单单吃面包会觉得味道一般，吃了 2 次就会没有新意，如果在面包中裹入诱人的香肠，看起来就很有食欲感，吃起来更是有滋有味。

【食材用料】

高筋粉 150 克、玉米粉 25 克、鲜奶油 100 毫升（可用牛奶代替）、牛奶 35 毫升、奶油 15 克、糖 15 克、盐 3 克、发酵粉 4 克

【饮食做法】

1. 将所有材料放入面包机内混合，发酵。

2. 将发酵好的面团取出，轻压出内部空气。然后均等分成 6 小分，揉成圆形，静置 10 分钟左右。

3. 取一小面团，将其揉成一端粗一端细的长条形状。

4. 将粗的一端擀成薄片，约占整个面积的 2/5。

5. 将细的一端平均分成三等分。

6. 在宽的一端放置一小截香肠，卷起至中间位置，然后将细的三部分编成小辫。

7. 将编好的小辫子卷起来，绕过之前卷好的面团儿。

8. 按照这个步骤做好全部 6 个以后，进行第二次发酵。

9. 第二次发酵好以后，就可以看到丰满的面包卷。

10. 在每个面包卷上刷上蛋液。

11. 烤箱预热 200℃，将面包卷放入其中，烤 10 分钟左右。

12. 10 分钟过后，将烤好的面包取出，晾凉。

【美味小贴士】

1. 第一次发酵好的面团儿一定要压出全部空气，这样，后面做造型比较顺手。

2. 细头的辫子卷到右边时，接缝处要用手压一下。

3. 面包出炉时，要带上隔热手套将托盘拿出，以防烫手。

【营养价值】

香肠有扩张血管、促进生长发育、增强免疫力的功效。

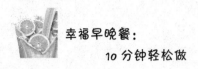
健胃消肿的蒜香南瓜饼

俗话说，药补不如食补。南瓜不仅营养丰富，而且长期食用还具有保健和防病治病的功能。南瓜自身含有的特殊营养成分可增强机体免疫力，防止血管动脉硬化，被视为特效保健蔬菜。常吃南瓜，可使大便通畅，肌肤丰美，尤其对女性，有美容作用。

【食材用料】

面粉 100 克、南瓜 80 克、香菜少许、蒜少许、食油 1 茶匙、盐少许、黑胡椒粉 1 茶匙

【饮食做法】

1. 准备好面粉、南瓜、香菜、蒜瓣。

2. 南瓜去皮、洗净、擦成丝；蒜、香菜切细粒备用。

3. 南瓜、香菜、蒜倒入面粉中，加入胡椒粉、盐，加入适量冷水。

4. 调匀，拌成稍稀点的面浆。

5. 锅中抹一点点油，倒入面浆。

6. 小火煎至面浆凝固。

7. 盖上锅盖，倒转锅，将饼扣在盖上，再将饼滑入锅中即可轻松翻面。

8. 两面煎黄，切小块装盘。

【美味小贴士】

1. 蒜粒与南瓜一起煎饼很香，不喜欢蒜可以不用。

2. 锅热后，稍稍抹一点油即可。油多了，面浆不容易煎成薄饼。

3. 油少，用锅盖来翻面不用担心油溅出来，并且容易操作。

4. 微波炉蒸南瓜泥比较方便，如果用蒸锅的话，水分会比较大。和面时还可加入一些奶粉，口感会更香。

【饮食宜忌】

● 南瓜不但适合不想肥胖的中青年食用，而且被广大妇女称为"最佳美容食品"，其原因在于南瓜维生素 A 含量胜过绿色蔬菜。

● 吃南瓜可以预防高血压以及肝脏和肾脏的一些病变。

生活小知识

南瓜，又称倭瓜、饭瓜，很早就传入我国，广泛栽种，食用，因此有"中国南瓜"之说。在我国，南瓜既当菜又当粮，在乡下很有人缘。近年来，人们发现南瓜不但可以充饥，而且还有一定的食疗价值，于是土味十足的南瓜得以登大雅之堂。

南瓜中含有丰富的微量元素钴和果胶。钴的含量较高，是其他任何蔬菜都不可相比的，它是胰岛细胞合成胰岛素所必需的微量元素，常吃南瓜有助于防治糖尿病。果胶则可延缓肠道对糖和脂质的吸收。

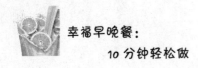
简易又美味的肉丝卷饼

肉丝是家中常备的材料，价格不贵，味道也鲜。家中可常备些黄瓜，如果家中有小朋友，不管炒什么菜加些黄瓜也能增色。

【食材用料】

卷饼原料：面粉 300 克、热水 120 克、凉水 60 克、盐 1/2 小勺、植物油 2 大勺

卷馅原料：黄瓜 1 根、猪肉 200 克、鸡蛋 2 个、甜面酱半小碗、白糖 1 小勺、植物油 1 大勺、葱姜适量

【饮食做法】

1. 面粉中倒入 120 克滚开水，边倒边用筷子搅拌，最后搅成雪花状的面片。

2. 加入一半的凉水和成不黏手的面团，然后加盖放置一旁，醒制。

3. 黄瓜洗净，葱切丝、姜切末，猪肉切成细丝。

4. 鸡蛋打散，鸡蛋液里加入 2 小勺水和少许盐，平底锅放适量植物

油，锅热后，将蛋液分次倒入锅中，摊成薄蛋皮。

5. 然后将蛋皮切丝，黄瓜切条。

6. 醒好的面团拿出揉匀，搓成长条。

7. 切成饺子大小的剂子，将剂子按扁后，刷上一层油，撒少许面粉，再刷少许油，两个剂子摞在一起。

8. 用擀面杖擀成直径 22 厘米左右薄饼。

9. 平底锅擦少许植物油，锅热后将薄饼放锅中小火烙。

10. 一面烙出黄斑后翻面，饼鼓起来即可出锅，趁热撕开，用保鲜膜包住，保持饼的湿润柔软。

11. 锅中放一大勺油，油热后，将猪肉丝放入锅中翻炒，直到肉丝变色。

12. 肉丝变色后，加入姜末和葱丝爆香，甜面酱翻炒，最后加入一小勺白糖提鲜，关火。

13. 将饼铺平，在上面依次摆上黄瓜条、蛋皮丝、酱肉丝，然后卷起来即可享用。

【美味小贴士】

1. 和面时，面粉和水的比例大约是 5:3，滚开水和凉水的比例是 2:1，这样和面做出的饼很柔软，但是筋道有咬劲，比全烫面的饼更好吃。

2. 醒面的时间越长，做出的饼味道更好，夏天天气热，为了防止面团发酵，可以放入冰箱冷藏半天以上。

3. 面剂上刷一层油，撒些面粉，再刷点油，这样就相当于做了一层油酥面，做好的饼绝不会粘连。

4. 饼出锅后，用保鲜膜包好或是湿毛巾盖着，这样饼皮不干，口感柔软湿润。

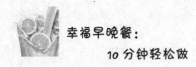
【饮食宜忌】

　　如果是前天晚上的肉，可以留下一点，加上材料搅拌均匀，备用。如果是冻在冰箱里的肉，可以提前一天解冻搅拌均匀，次日早上可用。如果你喜欢肥肉的口感，可以用少许肥肉炸成油，这样炒菜也很香。

健脾活血的桂圆红枣黑米粥

大枣有保肝作用，具有较强的补养效果，可增加人体的免疫力。桂圆可补血安神，健脑益智，补养心脾，是健脾长寿的传统食物。黑米比普同大米更具营养，是药食兼用的营养大米，健脾暖肝，明目活血。

【食材用料】

黑米适量、桂圆若干颗、红枣若干颗、桂花适量、大米适量

【饮食做法】

1. 干红枣洗净，桂圆剥皮。

2. 黑米和白米 3∶1 的比例煮开。

3. 软烂的时候加入红枣，桂圆，桂花煮 10 分钟。

4. 最后可加些冰糖调味。

【营养价值】

红枣：健脾益胃，补气养血，养血安神

桂圆：补血安神，健脑益智，补养心脾

黑米：健脾暖肝，明目活血

【美味小贴士】

此粥适合女性，补血效果很好，食用的时候加入红糖效果更佳。

宝宝好下肚的肉末虾仁菜粥

肉末虾仁菜粥营养丰富，鲜香可口，方便咀嚼，是 7 个月及以上宝宝的辅食首选。

【食材用料】

瘦肉块 20 克、虾仁 1 只、小白菜嫩叶 30 克、无味即冲燕麦片 25 克

【饮食做法】

1. 先将瘦肉块洗净后加 3 ~ 4 倍的水，放入盅内隔水炖烂（放在普通锅内炖 1 小时左右，放在电压力锅内炖 30 分钟）。

2. 将菜叶，虾仁，肉块分别剁碎备用。

3. 将燕麦片倒入肉汤中，并加入适量水，开小火煮开。

4. 燕麦片煮黏稠后，加入配料，用筷子搅拌均匀，再次小火煮开，即

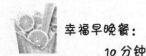
可关火。

【美味小贴士】

1. 煮燕麦片时，汤水与麦片的体积比大概是 2 : 1 或 3 : 2（视麦片的吸水程度和宝宝的喜好而定）。

2. 菜叶切碎时注意不要切成长条，以免婴儿吞咽时发生危险。

3. 虾仁可选取冰冻的现成虾仁，用冷水泡后解冻处理，若选用新鲜的虾，将虾壳剥掉后，要将黑色虾线剔除。

4. 瘦肉除了炖熟外，也可用少量水煮熟。

【营养价值】

猪瘦肉和虾除了富含大量优质蛋白质及脂肪酸，还有有利于人体吸收的铁，锌等微量元素，而小白菜是含维生素和矿物质最丰富的蔬菜之一，燕麦片较普通大米更有丰富的膳食纤维，所以这道肉末虾仁菜粥提供了多种人体必需的重要营养素，不但可保证宝宝的生长发育，还可预防小儿便秘，贫血等多种疾病，是 7 个月及以上婴幼儿的理想辅食。

【饮食禁忌】

对蛋白质过敏或腹泻宝宝禁食。

清热解毒的苦瓜香肠炒饭

苦瓜，清热解毒，为了让它吃起来不太苦，加点香味浓郁的腊肠丁一起翻炒，再来个每天必吃的鸡蛋，不用 10 分钟，这色泽诱人、口感丰富的便餐就完成了。

【食材用料】

米饭 800 克、苦瓜 200 克、鸡蛋 2 个、香肠 100 克、花生油 2 汤匙、食盐 1/2 茶匙、姜 1 片、小葱 4 棵、胡椒粉少许

【饮食做法】

1. 鸡蛋中加入盐，打散备用。

2. 烧热锅，放少油，倒入鸡蛋液。

3. 鸡蛋液定型后再铲成小块，盛出来。

4. 再倒入少许油，下入香肠粒煸炒。

5. 微微出油后下入姜末翻炒。

6. 再倒入苦瓜粒继续翻炒，直至苦瓜变成透明的翠绿色。

7. 下入准备好的米饭，翻炒直至米饭无块状，粒粒分明。

8. 加入适量的盐和胡椒粉翻炒均匀。

9. 再加入准备好的鸡蛋翻炒。

10. 最后加入小葱末翻炒均匀。

11. 盛入碗中。

〔美味小贴士〕

1. 炒饭最好是隔夜的剩饭，这样的米饭含水分少，炒之前要将米饭搓开无大块。

2. 先将鸡蛋炒好盛出备用，再煸炒香肠粒，炒出部分油脂；香肠一定要腊肠或者广式香肠，这样更能掩盖苦瓜的苦味。

3. 加入点姜末一起翻炒也能去除部分苦味，苦瓜翻炒至透明的翠绿色后再加入米饭继续翻炒。

4. 米饭一定要炒到粒粒分明，无结块，再加入盐等调味料翻炒均匀，最后加入炒好的鸡蛋和小葱一起翻炒均匀即可。

生 活 小 知 识

炒饭是具有中国特色的一种食物，它是集合饭与菜于一体的食物，做起来方便快捷，营养充分，能迅速补充体力。炒饭的品种很多：扬州炒饭、香肠炒饭、西红柿炒饭等等，用煮好的米饭，随意搭配加入菜肴、肉类或者鸡蛋等，爆炒而成，炒出来的米饭各有特点，总可以满足个性化的口味。而且炒饭既有主食，又有菜，还有蛋或者其他肉类，不仅营养和口感都十分丰富，而且香喷喷、鲜艳艳的混合饭菜也能拯救我们的胃口。

鲜香滑嫩的黑椒铁板牛肉

铁板菜类的最大特点是火候的把握，这是做菜好吃最讲究的关键之一。烧热的铁板咝啦啦炙烤着牛肉薄片，最大程度上保证了牛肉鲜嫩，也保持了汤汁的沸腾。黑胡椒、洋葱和青椒都是牛肉最好的组合小伙伴，美妙的香味持续地被铁板的热力激发出来，这道菜可谓声色味香俱佳。

【食材用料】

牛里脊、青椒、洋葱、小苏打、现磨黑胡椒、干红椒、食用油、白糖、料酒、酱油、盐

【饮食做法】

1. 牛里脊逆纹路切薄片，加入一点小苏打、大量现磨黑胡椒、一点点白糖、料酒、酱油、一点点油，反复抓腌。尽量多地加水，抓到水完全被牛肉吸收，腌制半小时左右。

2. 洋葱切丝，青椒切成马耳朵状备用。

3. 油锅烧热，稍微多下一点油，油烧得快冒烟的时候下牛肉片，快速

21

划开，翻炒到六七成熟起锅备用。

4. 另起油锅，下青椒翻炒，炒到七成熟的时候加盐炒匀，青椒炒到九成熟的时候倒入牛肉片翻炒到牛肉八九成熟。

5. 另一炉火烧热铁板，铺上洋葱丝，倒上步骤四炒好的青椒牛肉，继续加热一分钟左右关火。

6. 撒上洋葱丝，少量熟芝麻，再撒上现磨黑胡椒末。

【美味小贴士】

1. 铁板要烧热，料浓才能味香。

2. 牛肉炒的要嫩。

（1）加一点点小苏打和几乎与牛肉等量的液体（包括水，料酒，酱油，油），反复抓捏到牛肉完全吸入这些液体。

（2）炒牛肉的时候油要宽，大火，油温一定要高，一次不要下太多牛肉，最快的时间之内用高温封住牛肉表面锁住内部水分，牛肉两面一变色就起锅。

（3）牛肉要选嫩里脊。

（4）加少许淀粉抓拌牛肉也会帮助保持鲜嫩，但因为淀粉会吸入很多油，忌讳大油的人可以不要这一步。

3. 黑胡椒末最好是现磨的，最好不要用黑胡椒粉代替，辛香程度不一样，口感也不同。干辣椒可加可不加，配个色而已，避免用太辣的辣椒，否则会掩盖黑胡椒的辛辣，失去黑椒风味特色。也可在铁板上桌时浇上黑椒汁增加风味。

4. 火候的把握是这道菜的关键。全程大火快炒，牛肉上铁板的时候只能八九分熟。

5. 操作铁板的时候注意防止烫伤，铁板刚刚上桌的时候也要注意不要被飞溅的汤汁烫到。

生活小知识

铁板烧，是一种独特的烹饪方法。先将铁板烧热，随即在上面放置肉和蔬菜，盖一下就吃。铁板烧是在15、16世纪时西班牙所发明，当时因为西班牙航运发达，由于船员成日与大海为伍，海上生活十分枯燥乏味，只好终日以钓鱼取乐，再将鱼炙烤得皮香肉熟，这种烹调法，后来再由西班牙人传到美洲大陆的墨西哥和美国加州等地。墨西哥饮食文化受西班牙殖民文化的影响很深，墨西哥铁板餐（fajita）与我国的铁板餐高度相似。西班牙语里 fajita 是 faja 的变体，就是"腰带"的意思，指牛肚子上的肉，牛肉被认为是最适合做铁板的食材。直到20世纪初由一位日裔美国人将这种铁板烧熟食物的烹调技术引进日本加以改良成为今日名噪一时的日式铁板烧。随着日本殖民扩张，铁板烧后来慢慢传到东亚其他地方。我国的铁板菜有些变化，是将烧熟的菜放在铁板上保持温度。

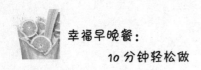
好看又好吃的雪花菠菜饭团

　　雪花菠菜饭团，不管是在家里吃还是出去玩的时候当做便当，都很受人们喜爱。

　　如果家里有不喜欢吃蔬菜的小朋友，做出这样的饭团，就可以让小朋友乖乖地吃下青菜。

【食材用料】

　　泰国米 1 杯、咸鸭蛋 3 个、菠菜、芝麻油、熟芝麻

【饮食做法】

　　1. 按平时的习惯煮好米饭，用的是一杯米的量。菠菜洗净，放沸水中焯一下，不需要焯太久。

　　2. 把菠菜捞起，待不烫后，戴上一次性手套，把菠菜里多余的水挤出去。

　　3. 把菠菜切成碎末，和煮好的米饭放在一起，拌匀。

　　4. 咸鸭蛋煮熟后，去壳，剁碎，和米饭放在一起拌匀。

　　5. 放一点芝麻油，放一些芝麻，拌匀。

6. 戴上一次性手套，把饭团揉成圆形，再用模具切好奶酪片和火腿片，粘在饭团上即可。

【美味小贴士】

1. 咸鸭蛋可以是在超市里买的，外面买的咸鸭蛋很咸，在做饭团时，可以很好地入味。因为咸鸭蛋的味道很重，所以拌饭不需要再放盐。

2. 奶酪很好切成形，也比较好粘，火腿片不好粘，可以切薄一些，再用保鲜膜包起来压一压会好一些。

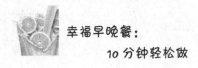
增进食欲的干煸四季豆

四季豆又称豆角，富含蛋白质和多种氨基酸，常食可健脾胃，增进食欲，在闽南四季常见。

它的做法多样，蒸，炒，煸等等，各有风味，但最入味的还是这款川味做法，主要是将食材用油慢慢煸干而衍生出一种特别的焦香爽脆。

【食材用料】

四季豆 500 克、食盐 3 克、蒜 5 瓣、花椒 5 粒、干辣椒 10 克、生抽 5 克、灯笼椒 6 个、植物油 5 克

【饮食做法】

1. 将四季豆掐去两头的尖，撕掉筋。

2. 掰开 2 段，洗净滤干水。

3. 大火烧热炸锅中的植物油，待油中有热气升腾时倒入四季豆。

4. 炸至外皮微皱即捞出控油待用。

5. 锅中留底油 1 匙，放入大蒜末爆香。

6. 再加入干辣椒、花椒快炒。

7. 倒入炸好的四季豆和灯笼椒炒拌。

8. 倒入些许生抽，加入盐，炒拌入味。

9. 起锅盛入盘中即食。

【美味小贴士】

1. 用油炸四季豆时要注意火候，不要将其炸糊。

2. 没有熟透的四季豆会引起食物中毒，所以在炸的时候一定要将其炸透了。

3. 炸透后的四季豆再次入锅只要与调料拌匀即可，不要炒得时间过长，避免色泽发黑。

【营养价值】

四季豆可以增进食欲、缓解缺铁性贫血、养胃下气、利水消肿、强壮骨骼。

【饮食宜忌】

腹胀者忌食。

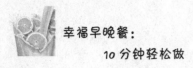

清新爽脆的老醋黄瓜木耳

营养丰富的木耳，搭配鲜艳的配菜，用酸酸甜甜的醋汁一浇，香甜爽口，开胃排毒，味道棒极了。

【食材用料】

黄瓜、黑木耳、大蒜、香油、盐、糖、味精、陈醋

【饮食做法】

1. 黑木耳用凉水浸泡一小时。

2. 黄瓜洗净，用擀面杖拍碎。

3. 拍碎的黄瓜用手掰成小块备用。

4. 大蒜捣成蒜泥备用。

5. 黑木耳浸泡舒展后，摘去根，洗净，撕成小块。

6. 木耳放入开水中焯一下，捞出沥干水。

7. 把黄瓜、木耳和蒜泥混合。

8. 调入盐、糖、味精和陈醋拌匀，淋上香油，撒上芝麻即可。

【美味小贴士】

可以根据自己的喜好，添加香菜或辣椒油，风味尤佳。

【营养价值】

黄瓜搭配木耳，排毒、减肥功效好。黄瓜中的丙醇二酸能抑制体内糖分转化为脂肪，从而达到减肥的功效。而木耳富含多种营养成分，被誉为"素中之荤"。木耳中的植物胶质，有较强的吸附力，可将残留在人体消化系统中的某些杂质集中吸附，再排出体外，从而起到排毒清肠的作用。二者混吃可达到减肥、滋补强身、平衡营养的功效。

【饮食宜忌】

• 黄瓜是餐桌上的"平民"蔬菜，尤其受到女性朋友的喜爱。黄瓜果肉脆甜多汁，清香可口，它含有胶质、果酸和生物活性酶，可促进机体代谢，能治疗晒伤、雀斑和皮肤过敏。黄瓜还能清热利尿、预防便秘。新鲜黄瓜中含有的丙醇二酸，能有效地抑制糖类物质转化为脂肪，因此，常吃黄瓜对减肥和预防冠心病有很大的好处。

• 黄瓜虽然可作菜蔬水果食用，但其所含的维生素和营养素含量较少，所以不宜单独食用，最好与其他蔬菜，水果一起吃，才能吸取机体所需的营养素。

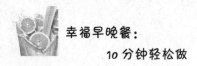

抗衰老的西红柿炒鸡蛋

西红柿炒鸡蛋，又名番茄炒蛋，是许多百姓家庭中一道普通的大众菜肴。它的烹调方法简单易学，营养搭配合理。在口感方面，它色泽鲜艳，口味宜人，爽口、开胃，深受大众喜爱。

【食材用料】

西红柿、鸡蛋、大豆油、精盐、葱

【饮食做法】

1. 将西红柿清洗干净，切成小块，装入盘中待用。

2. 热锅放油烧热，将打撒的鸡蛋液倒入锅中。

3. 将鸡蛋煎至两面呈金黄色。

4. 煎熟，铲出，装入碗中待用。

5. 热锅放油，油热后爆香葱末，倒入西红柿块。

6. 将西红柿翻炒均匀，加入精盐。

7. 翻炒均匀，倒入炒好的鸡蛋。

8. 翻炒均匀后，倒入葱花。

9. 将西红柿、鸡蛋、葱花翻炒均匀。

10. 出锅，装入盘中即可。

【美味小贴士】

1. 西红柿要选择熟透的、红红的、圆圆的、多汁的才好吃，而且西红柿最好去皮，不然炒好后皮和果肉分离既不好看又不好吃。

2. 西红柿要切成小小的丁块，这样西红柿中的汁液很容易就会被炒出来，而且炒好的西红柿成酱状，味道浓。

3. 鸡蛋液中放酱油颜色好看味道也更鲜美，再放少许清水炒出来的鸡蛋更松软。

4. 炒西红柿的时候放点酱油，菜的颜色不但漂亮，而且味道更鲜美，不过千万不要用老抽等颜色重的酱油，一定要用浅色的。

【营养价值】

西红柿炒鸡蛋具有健美抗衰老的作用。

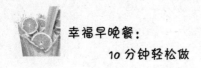
增强免疫力的木耳炒肉

　　木耳，素有"素中之荤"的美称，是理想的补血佳品。秋季，木耳应该常常出现在孩子的餐桌上。

【食材用料】

　　猪里脊肉 100 克、黑木耳 10 朵、食盐 1.2 克、醋 3 毫升、鸡精 2 克、葱 1 段、料酒 5 毫升、水淀粉少许、植物油适量

【饮食做法】

　　1. 猪里脊肉切薄片，加生抽、料酒、水淀粉腌制十几分钟。

　　2. 木耳用温水泡软，摘去根部，洗净，撕成小朵备用。

　　3. 葱切斜段，姜切末。

　　4. 锅中放油，油热后放入姜末，放入肉片炒至变色盛出备用。

　　5. 锅中放油，油热后放入葱段、木耳、生抽翻炒两分钟，放入肉片翻炒均匀。

　　6. 加醋、加盐、鸡精调味即可。

【美味小贴士】

1. 用温盐水浸泡木耳，再加二勺淀粉轻轻抓洗，可将木耳上的残留杂质清洗得更干净。

2. 菜里放了生抽和剁椒，盐要酌情适量添加。

【营养价值】

1. 木耳中铁的含量极为丰富，故常吃木耳能养血驻颜，令人肌肤红润，容光焕发，并可防治缺铁性贫血。

2. 木耳中含有维生素 K，能维持体内凝血因子的正常水平，防止出血。

3. 木耳中的胶质可把残留在人体消化系统内的灰尘、杂质吸附集中起来排出体外，从而起到清胃涤肠的作用。

4. 它对胆结石、肾结石等内源性异物也有比较显著的化解功能。

5. 它还有帮助消化纤维类物质的功能，对无意中吃下的难以消化的头发、谷壳、木渣、沙子、金属屑等异物有溶解的作用，因此，它是矿山、化工和纺织工人不可缺少的保健食品。

6. 木耳中含有抗肿瘤活性物质，能增强机体免疫力，经常食用可防癌抗癌。

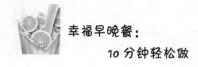
清热解毒的凉拌苦瓜

　　夏季天气燥热，让人容易口干舌燥，火气大。所以在夏季，吃一些清火清热，生津补气的食物，可以缓解身体的燥热，让身体变得舒适、健康。

【食材用料】

　　苦瓜 1 根、干虫草花适量、大蒜 4 瓣、橄榄油适量、盐适量、糖适量、鸡精少许

【饮食做法】

1. 苦瓜去瓤，切薄片。

2. 虫草花清水浸泡 10 分钟。

3. 大蒜拍扁，切细碎。

4. 烧开水，分别捞煮苦瓜和虫草花。

5. 苦瓜烫熟后，一片片铺在盘子底部，将虫草花捞出放在苦瓜上，再撒上细碎的蒜瓣。

6. 撒上盐、糖和鸡精，最后是橄榄油，搅拌后即可食用。

【美味小贴士】

1. 苦瓜瓤一定要去干净。

2. 尽量切薄点。

3. 苦瓜焯水的时候要等水开后再下入苦瓜。如果冷水就下入苦瓜，就变成煮苦瓜了。

4. 焯水时间不宜太长，时间越长，维生素C损失越多。

5. 在冷开水里浸泡过的苦瓜，既保持了脆也保持了绿。

【营养价值】

苦瓜味苦性寒，有清热泻火的功能。不但维生素C含量居瓜类之首，而且它的胡萝卜素、核黄素与矿物质钙、铁、磷的含量也较丰富。《本草纲目》称其能"除烦热，解劳乏，消心明目"。现代研究表明，苦瓜含有的皂甙，能刺激胰岛素释放，能降低2型糖尿病人的血糖。

【饮食宜忌】

苦瓜性寒，故阳虚、畏寒怕冷的人不宜多吃。

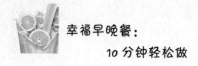

清甜爽口黄瓜肉丸汤

黄瓜和肉丸，原本不搭界的两种食材，因为一锅清醇的汤底，共处一锅。黄瓜煮汤的口感非常不错，尤其是瓤里的籽，煮软后还有一点清甜。

【食材用料】

黄瓜、猪肉（三肥七瘦）、香葱、姜、鸡蛋1个、猪油、盐半勺、料酒1勺、花椒、胡椒面半勺、水淀粉2勺、鸡精小半勺、味精

【饮食做法】

1. 黄瓜洗净切成薄片，姜和葱头切丝备用。

2. 香葱洗净切碎。

3. 猪肉洗净后与姜、葱白一块剁成肉馅，加入料酒、盐、胡椒面、鸡蛋、味精、水淀粉顺一个方向搅拌。

4. 热锅放入猪油，油热后放入花椒、姜丝和葱丝爆香。

5. 然后放入黄瓜片翻炒，再加入一勺盐翻炒均匀。

6. 黄瓜炒出香味后加入适量清水大火烧开，中火慢煮。

7. 黄瓜煮软后用小火，用左手抓肉馅轻轻地合拢，手指虚握让肉馅从虎口处挤出，然后右手拿调羹一刮，一个个圆形的肉丸就放入汤中。

8. 待肉丸全都放完后用中火煮熟，等肉丸漂浮水面后再加入小半勺鸡精和味精。

9. 最后装入碗中撒上葱花即可。

【营养价值】

1. 抗肿瘤。黄瓜中含有的葫芦素 C 具有提高人体免疫功能的作用，可达到抗肿瘤的目的。此外，该物质还可治疗慢性肝炎。

2. 抗衰老。老黄瓜中含有丰富的维生素 E，可起到延年益寿、抗衰老的作用；黄瓜中的黄瓜酶，有很强的生物活性，能有效地促进机体的新陈代谢。用黄瓜捣汁涂擦皮肤，有润肤，舒展皱纹的功效。

3. 防酒精中毒。黄瓜中所含的丙氨酸、精氨酸等氨基酸对肝脏病人，特别是对酒精肝硬化患者有一定辅助治疗作用，可防酒精中毒。

4. 降血糖。黄瓜中所含的葡萄糖甙、果糖等不参与通常的糖代谢，故糖尿病人以黄瓜代替淀粉类食物充饥，血糖非但不会升高，甚至会降低。

5. 减肥强体。黄瓜中所含的丙醇二酸，可抑制糖类物质转变为脂肪。此外，黄瓜中的纤维素对促进人体肠道内腐败物质的排除，以及降低胆固醇有一定作用，能强身健体。

【饮食宜忌】

脾胃虚弱、腹痛腹泻、肺寒咳嗽者都应少吃，因黄瓜性凉，胃寒患者食之易致腹痛泄泻。

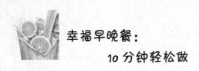
调和脏腑的蒜苔炒肉丝

蒜苔炒肉丝是一道汉族名菜，属于湘菜系。蒜苔是大蒜的花茎，色绿叶美，耐贮藏，秋、冬、春三季都有供应。品质好的蒜苔应新鲜、脆嫩，无粗老纤维，条长，上部浓绿，基部嫩白，尾端不黄，不烂、不蔫、苔顶帽不开花。

【食材用料】

猪瘦肉、蒜苔、菜籽油、鸡精、料酒、盐、姜片、豆瓣、花椒、白糖、生抽、淀粉、鸡精

【饮食做法】

1. 猪瘦肉洗净打片切丝，肉丝装盘后加少量盐、生抽、料酒和淀粉搅匀待用。

2. 蒜苔淘洗后切寸段沥干水分。

2. 油锅烧热后放入豆瓣、姜片和花椒，再放入肉丝用大火煸炒。

3. 再加入蒜苔、少量生抽和白糖调味煸一下，转中火翻炒。

4. 待蒜苔稍微变色后，加少许鸡精和盐就可以起锅装盘。

【营养价值】

蒜苔是家庭常吃的蔬菜，含有多种维生素和一些矿物质，含维生素 C 较为丰富，还含有纤维素，有利于增加肠蠕动，和猪肉同炒，不仅使营养更加全面，而且有利于蒜苔中矿物质的吸收。

蒜苔含有糖类、粗纤维、胡萝卜素、维生素 A、维生素 B_2、维生素 C、尼克酸、钙、磷等成分，其中含有的粗纤维，可预防便秘。蒜苔中含有丰富的维生素 C 具有明显的降血脂及预防冠心病和动脉硬化的作用，并可防止血栓的形成。它能保护肝脏，诱导肝细胞脱毒酶的活性，可以阻断亚硝胺致癌物质的合成，从而预防癌症的发生。

蒜苔含有辣素，其杀菌能力可达到青霉素的十分之一，对病原菌和寄生虫都有良好的杀灭作用，可以起到预防流感，防止伤口感染和驱虫的功效。

【饮食宜忌】

- 蒜苔可温中下气，补虚，调和脏腑。
- 消化不佳的人宜少吃。
- 过量食用会影响视力。
- 有肝病的人过量食用，可造成肝功能障碍。

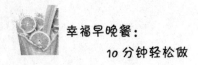

肥而不腻的蒜香牛肉炒饭

牛肉不但营养丰富，烹饪方式也很多，煎也好，炖也好，焖也好、烧也好，都给人带来不一样的口感与满足。蒜香牛肉粒的做法和煎牛扒相似，这样的烹饪需要的材料不多，重要的是要掌握好火候和烹饪的时间，另外挑选一块好的牛肉也是很关键的。

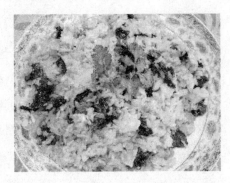

【食材用料】

牛肉片 100 克、鸡蛋 3 只、大蒜（切成薄片）2 瓣、葱花适量、大米 200 克、色拉油、酱油、料酒、盐、胡椒粉、姜末适量

【饮食做法】

【煮米饭】

1. 用电饭锅把米饭做好，水量要少一些，平时的八成左右就行。

2. 做好后立即打开锅盖，以免锅中的水蒸气流到米饭里。

【炒饭】

1. 鸡蛋打入盆中，等拿出一点鸡蛋清放到牛肉里以后再搅拌。

2. 牛肉用料酒、盐、胡椒粉、鸡蛋清、淀粉拌一下，放置30分钟。

3. 锅中放入色拉油，把牛肉用姜末炒一下，盛盘中待用。

4. 再在锅中放入较多的色拉油，把大蒜炒出香味后，再放入鸡蛋用大火炒一下，然后再把米饭放入和鸡蛋一起炒透。

5. 放入刚才炒好的牛肉炒一下，加入盐、胡椒粉即可。

【美味小贴士】

1. 炒米饭宜用过夜的米饭。

2. 炒牛肉时，不要放太多的油，但炒鸡蛋时，要多放油，是平时做菜的 2～3 倍。

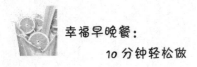

促进血液循环的奶粉咖喱焗金瓜

奶粉咖喱焗金瓜中的金瓜，即是人们通常所说的南瓜。南瓜在中国各地都有栽种，嫩瓜味甘适口，是夏秋季节的瓜菜之一。老瓜可作饮料或杂粮，所以有很多地方称为饭瓜。

【食材用料】

南瓜 700 克、蒜茸 1 汤匙、奶粉 30 克、咖喱粉 15 克、清水 250 克、盐、生抽适量

【饮食做法】

1. 南瓜去皮、去瓤切块状。

2. 锅里烧热少许油，炒香蒜茸后加入金瓜、奶粉、咖喱粉和清水煮滚。

3. 煮滚后用中火焗 10 分钟，调入适量的盐和生抽，煮至金瓜入味收汁即可。（注：焗金瓜时每隔几分钟要轻轻翻炒）

【美味小贴士】

1. 距离南瓜皮越近的部分，营养越丰富。因此，南瓜去皮越少越好。

2. 焗南瓜时，每隔几分钟要轻轻翻炒。

【营养价值】

1. 咖喱的主要成分是姜黄粉、川花椒、八角、胡椒、桂皮、丁香和芫荽籽等含有辣味的香料，能促进唾液和胃液的分泌，增加胃肠蠕动，增进食欲。

2. 咖喱能促进血液循环，达到发汗的目的。

3. 美国癌症研究协会指出，咖喱所含的姜黄素具有激活肝细胞并抑制癌细胞的功能。

4. 咖喱还具有协助伤口愈合、预防老年痴呆症的作用。

5. 咖喱可以改善便秘，有益于肠道健康。

【饮食宜忌】

- 胃炎、溃疡病患者少食。
- 患病服药期间不宜食用。

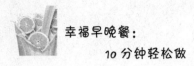
香嫩可口的红烧鲫鱼

红烧鲫鱼是以鲫鱼为主要食材，配以香菜红辣椒一起烧制的美味私房菜，口味香辣可口，美容抗皱，营养价值丰富。鲫鱼肉肥汁多，味道鲜美，可红烧、煮汤或清炖。因其营养丰富，含有大量的蛋白质，常食可补身益体。

鲫鱼很适合上班族食用。在空调房久待的人，很容易精神疲倦、皮肤干燥；多吃鲫鱼不仅可使皮肤有弹性，还可缓解压力、改善睡眠质量等。

【食材用料】

鲫鱼 1 条、葱白 1 根、姜丝、蒜、指天椒、花椒、蒜苗、葱花、生粉适量

【饮食做法】

1. 将鲫鱼洗净沥干水，葱白切丝，指天椒剁碎备用。

2. 油烧热，放鲫鱼，开小火煎至表面金黄，装盘备用。

3. 锅里加油，放入姜蒜、花椒、指天椒爆炒一会儿，再放葱白翻炒。

4. 接着放鲫鱼，加水去煮熟整条鲫鱼。

5. 待鲫鱼熟了，装盘，在锅中余留的汤汁中放入盐、酱油、醋、鸡精粉调味，再将生粉加水勾芡，最后撒上葱花，淋上鲫鱼。

【美味小贴士】

1. 煎鱼最好使用不粘锅便于操作，没有的话可以用生姜擦一遍锅，这样不容易粘。

2. 没有甜醋的话可以用白糖和普通醋代替。

【食物相克】

鲫鱼不宜和大蒜、砂糖、芥菜、沙参、蜂蜜、猪肝、鸡肉、野鸡肉、鹿肉一同食用。

【营养价值】

1. 鲫鱼所含的蛋白质质优、齐全、易于消化吸收，是肝肾疾病，心脑血管疾病患者的良好蛋白质来源，常食可增强抗病能力，肝炎、肾炎、高血压、心脏病，慢性支气管炎等疾病患者可经常食用。

2. 鲫鱼有健脾利湿，和中开胃，活血通络、温中下气的功效，对脾胃虚弱、水肿、溃疡、气管炎、哮喘、糖尿病有很好的滋补食疗作用；产后妇女炖食鲫鱼汤，可补虚通乳。

3. 鲫鱼肉嫩味鲜，可做粥、做汤、做菜、做小吃等。尤其适于做汤，鲫鱼汤不但味香汤鲜，而且具有较强的滋补作用，非常适合中老年人和病后虚弱者食用，也特别适合产妇食用。

鲫鱼味甘、性平，入脾、胃、大肠经；具有健脾、开胃、益气、利水、通乳、除湿的功效。

【饮食宜忌】

- 适宜慢性肾炎水肿，肝硬化腹水，营养不良性浮肿之人食用。
- 适宜产后乳汁缺少的女性食用。
- 适宜脾胃虚弱，饮食不香的人食用。
- 适宜小儿麻疹初期，或麻疹透发不快者食用。
- 适宜痔疮出血，慢性久痢者食用。
- 感冒发热期间不宜多吃。
- 高血脂胆固醇患者忌食，胃溃疡、生疮者少吃。
- 吃鱼前后忌喝茶。

简便易做的苦瓜阳春面

三伏天不愿意开火做饭，就做一点简单的阳春面配苦瓜败败火。

【食材用料】

苦瓜、火腿肠、紫甘蓝（用别的绿叶菜代替也可）、细挂面、葱、盐、板油、生抽

【饮食做法】

1. 苦瓜洗净去瓤切成片，用开水煮 1～2 分钟断生。

2. 将苦瓜滤水，盛出后用少量盐搅拌，并放入冰箱内冷却。

3. 锅内加水煮开，紫甘蓝切成丝，和挂面一同下入，再次水开后再煮 3～4 分钟。

4. 煮面的同时，碗中准备好切碎的葱花、盐、板油、生抽，火腿肠切成片待用。

5. 将煮好的面挑入碗内，和调料搅拌均匀，然后取出苦瓜，将苦瓜、

47

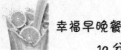
火腿肠盖在面上即可。

【美味小贴士】

1. 煮苦瓜时，不宜煮太长时间，否则苦瓜会失去漂亮的绿色。

2. 可以依据个人口味，在调料中加入辣椒油、醋等，亦可在面中放些汤。

【营养价值】

苦瓜的维生素 C 含量很高，具有预防坏血病、保护细胞膜、防止动脉粥样硬化、提高机体应激能力、保护心脏等作用。苦瓜里面含有一种成分，可以有效抑制正常一包的癌变和促进特变细胞的复原，具有一定的抗癌作用，而且还具备有降血脂和降血压的特点。不仅如此，苦瓜还有预防骨质疏松、调节内分泌、抗氧化等作用，同时进一步提高人体抵抗力，提高身体里面的反应机制。

【饮食宜忌】

● 苦瓜性凉，脾胃虚寒者不宜食用。

● 苦瓜含奎宁，会刺激子宫收缩，孕妇也要慎食苦瓜。

软香滑口的红烧茄子

红烧茄子是素菜中的精细者，历史久远。这道菜鲜香适口，外酥里嫩，味美多汁，深受大众喜爱。

【食材用料】

茄子2根（切片，注意煮之前才切片）、肉末少许（加盐、鸡粉稍微腌一下）、蒜茸、姜茸、葱花少许，洋葱1/4颗（切粒状）

【饮食做法】

1. 先热锅烧油（放入比较多的油），将茄子切片后倒入稍微煎一下，八分熟就起锅，放一旁。

2. 热锅，冷油，将肉末放下去稍微一炒（冷油可以将肉末拨散），加入洋葱粒、蒜茸、姜茸等一起翻炒。

3. 加入酱油、糖、鸡粉、少许水焖一会儿，勾芡起锅，即可上桌。

【美味小贴士】

1. 喜欢吃辣的朋友，可以在最后的时候加入辣椒油。

2. 也可以加一些冬菇末儿，味道更香。

【营养价值】

1. 保护心血管、抗坏血病。茄子含丰富的维生素 P，这种物质能增强人体细胞间的黏着力，增强毛细血管的弹性，降低毛细血管的脆性及渗透性，防止微血管破裂出血，使心血管保持正常的功能。此外，茄子还有防治坏血病及促进伤口愈合的功效。

2. 防治胃癌。茄子含有龙葵碱，能抑制消化系统肿瘤的增殖，对于防治胃癌有一定效果。此外，茄子还有清退癌热的作用。

3. 抗衰老。茄子含有维生素 E，有抗衰老的功能，常吃茄子，可使血液中胆固醇水平不致增高，对延缓人体衰老具有积极的意义。

【饮食宜忌】

- 可清热解暑，对于容易长痱子、生疮疖的人，尤为适宜。
- 脾胃虚寒、哮喘者不宜多吃。
- 体弱者不宜多食。
- 手术前吃茄子，麻醉剂可能无法被正常地分解，会拖延病人苏醒时间，影响病人康复速度。

火腿西多士

西多士是香港茶餐厅小食之一，传说由从法国传入，香港惯称为西多士，全名为法兰西多士。火腿西多士配上一杯牛奶或者奶茶、咖啡，就是一顿美味的能量早餐。

【食材用料】

吐司面包2片、火腿2片、芝士1片、鸡蛋2个

【饮食做法】

1. 吐司切成厚度为1厘米的薄片（切下来的边可直接吃掉），在吐司片上放上两片火腿。

2. 然后放上芝士片，盖上另一片吐司。

3. 取一个大碗，鸡蛋打散成蛋液。

4. 将吐司放进碗里，双面蘸上蛋液。

5. 平底锅烧热，油六成热时，放入吐司片用小火煎至两面金黄色。

6. 取出，用厨房用纸吸一下多余的油，沿对角线切开即可。

【美味小贴士】

1. 吐司不要再蛋液中久泡，蘸均匀即可。

2. 吐司也可以不去边，切边效果会更好看。

3. 也可以用黄油煎，更香。

4. 还可以做成甜味的，比如夹果酱、花生酱的。

益气补虚的红烧豆腐

红烧豆腐是我国传统的、大众化的一种豆制食品，在一些古籍中都有记载。豆腐作为食药兼备的食品，具有益气、补虚等多方面的功能。人们称豆腐为"小宰羊"，认为豆腐的白嫩与营养价值可与羊肉相提并论。

【食材用料】

豆腐 500 克、蒜苗 2 根、色拉油 10 克、食盐 4 克、酱油 1 汤匙、蒜 3 粒、水淀粉适量、豆瓣酱 1.5 汤匙

【饮食做法】

1. 将青蒜苗洗净，梗部和叶部分别切成段，大蒜切成末。

2. 豆腐切成小丁。

3. 热锅放油，油升温后放入豆瓣炒香。

4. 接着放大蒜末炒香。

5. 注入少量开水，调入酱油、少许盐。

6. 放入豆腐烧制，并用手推锅使豆腐均匀入味。

7. 等水分快收干时，加入青蒜苗梗部略烧。

8. 倒入一半水淀粉推匀。

9. 加入青蒜苗叶部，倒入另一半水淀粉推匀略烧，关火即成。

【营养价值】

1. 豆腐含有丰富的植物蛋白，是人体生命活动的物质基础。蛋白质的基本组成是各种氨基酸，在如今所测到的氨基酸中有八种是人体不能合成的，必须从食物的蛋白质中取得。大豆蛋白质中这八种氨基酸都含有，且数量较多。

2. 豆腐不仅可以补充人体所需的蛋白质，还能提供多种维生素和矿物质，尤以钙为多。豆腐在人体内的消化率极高。因此大豆制品被营养专家称为人类所需要的重要来源之一。

3. 豆腐有抗氧化的功效。豆腐所含的植物雌激素能保护血管内皮细胞，使其不被氧化破坏。如果经常食用就可以有效地减少血管系统被氧化破坏。另外这些雌激素还能有效地预防骨质疏松、乳腺癌和前列腺癌的发生，是更年期的保护神。丰富的大豆卵磷脂有益于神经、血管、大脑的发育生长。比起吃动物性食品或鸡蛋来补养、健脑，豆腐都有极大的优势，因为豆腐在健脑的同时，所含的豆固醇还抑制了胆固醇的摄入。大豆蛋白可以显著降低血浆胆固醇、甘油三酯和低密度脂蛋白，同时不影响血浆高密度脂蛋白。所以大豆蛋白恰到好处地起到了降低血脂的作用，保护了血管细胞，有助预防心血管疾病。

豆腐作为食药兼备的食品，具有益气、补虚等多方面的功能。一般100 克豆腐含钙量为 140 ～ 160 毫克，豆腐又是植物食品中含蛋白质比较高的，含有 8 种人体必需的氨基酸，还含有动物性食物缺乏的不饱和脂肪酸、卵磷脂等。因此，常吃豆腐可以保护肝脏，促进机体代谢，增加免疫力并且有解毒作用。

豆腐不足之处是它所含的大豆蛋白缺少一种必需氨基酸——蛋氨酸，若单独食用，蛋白质利用率低，如搭配一些别的食物，使大豆蛋白中所缺的蛋氨酸得到补充，使整个氨基酸的配比趋于平衡，人体就能充分吸收利用豆腐中的蛋白质。蛋类、肉类蛋白质中的蛋氨酸含量较高，豆腐应与此类食物混合食用，如豆腐炒鸡蛋、肉末豆腐、肉片烧豆腐等。这样搭配食用，便可提高豆腐中蛋白质的利用率。

【饮食宜忌】

- 豆腐可以改善人体脂肪结构。
- 食用豆腐可以预防和抵制癌症。
- 食用豆腐可以预防和抵制更年期疾病。
- 食用豆腐可以预防和抵制骨质疏松症。
- 食用豆腐可以提高记忆力和精神集中力。
- 食用豆腐可以预防和抵制老化和痴呆。
- 食用豆腐可以预防和抵制肝功能的疾病。
- 食用豆腐可以预防和抵制糖尿病。
- 食用豆腐可以预防和抵制动脉硬化。
- 食用豆腐可以预防和抵制伤风和流行性感冒。
- 动脉硬化、低碘者忌食。

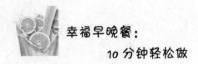
菇香菌浓的手撕菇排骨汤

杏鲍菇不仅蒸熟后手撕感好，生的时候就手撕，那滋味那口感都没得说。

【食材用料】

杏鲍鱼菇 1 根、黑木耳少许、排骨 4 两、盐少许

【饮食做法】

1. 将黑木耳清水泡发 2 小时。

2. 杏鲍菇清洗干净，手撕，越细越好。

3. 排骨清水煮开，去沫。

4. 将黑木耳和手撕菇一起放进排骨汤里，温水煲 3 小时。

5. 待吃的时候再撒上少许食盐即可。

【营养价值】

杏鲍菇营养丰富，富含蛋白质、碳水化合物、维生素及钙、镁、铜、锌等矿物质，可以提高人体免疫功能，具有抗癌、降血脂、润肠胃以及美容等作用。

补充体力的冬瓜虾仔煲

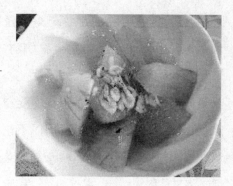

夏吃瓜，冬吃根。夏季此佳肴可补充体力消耗，以免高温中暑。

【食材用料】

冬瓜 500 克、水 200 毫升、樱花虾、盐、料酒、胡椒粉、香油各适量

【饮食做法】

1. 冬瓜去皮，瓤，切成 3~4 厘米的块。
2. 锅里放入水后，把虾、冬瓜、料酒放进去，中火煮 10 分钟。
3. 最后加盐和香油即可。

【美味小贴士】

1. 没有樱花虾，也可以用虾皮或虾仁代替。
2. 为了让味道更美味，还可以加一点香菜提味。

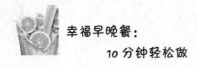
风味特别的红烧小洋芋

西北洋芋有两"大"，一是产量大，为我国西北农村的主要农作物；二是个大，粉糯可口。既可当主食，又可作为菜蔬。由于含有丰富的淀粉和蛋白质，宜于冬季贮存，所以不论城市或农村，以洋芋做原料烹制的菜肴，花样繁多，丰富多彩，美味可口。

【食材用料】

黄皮小洋芋 400 克、食盐 4 克、酱油 3 克、细香葱 1 根、植物油 50 克、高汤少许

【饮食做法】

1. 小洋芋去皮洗干净，入锅用水煮一刻钟。（用筷子戳一下，能戳穿就可以了）

2. 煮好的洋芋沥干水，稍放凉片刻，然后用刀一个个全部拍扁。

3. 锅热油，将小洋芋放入翻炒一小会儿。

4. 然后加盐、酱油继续翻炒均匀。

5. 加少许高汤（清水也可）焖一分钟入味，出锅的时候撒上葱花即可。

【美味小贴士】

洋芋，去皮切块，用清水洗净，其色洁白，沥干水分，再入锅炸制，不但色泽美艳，而且爽滑可口。

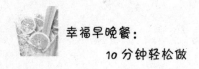
预防骨质疏松的玉米排骨汤

玉米是营养价值极高的食物，有健脾益胃、防癌抗癌的作用。红枣补脾和胃、益气生津、润心肺，两味与排骨一起炖，既能开胃益脾又可润肺养心。在秋冬季节，用骨头汤或排骨煨汤食用，有良好的滋补功效。玉米排骨汤材料简单，做法不难，是一道常见的家常菜，它既能开胃益脾又可润肺养心，经常食用则延年益寿。

【食材用料】

排骨、玉米、姜片、小葱、盐

【饮食做法】

1. 排骨洗净，玉米切块，姜切片，葱切段。

2. 在锅中放入冷水将排骨放入、煮开。

3. 煮开后关火，将排骨捞出，冲洗干净去掉浮沫。

4. 将锅洗干净，重新放入适量的清水，再次放入排骨和玉米。

5. 将先前准备好的姜片、葱段一起放入锅中。

6. 盖好锅盖，大火煮开，待看到冒热气之后，关小火焖10分钟。

7. 然后关火等锅完全泄气后，打开锅盖加入适量的盐。

8. 挑出姜片、葱段即可。

【美味小贴士】

煮骨头汤时应注意，最好用高压锅，时间不易太长，这样容易保留较多的营养成分。

【营养价值】

玉米是粗粮中的保健佳品，对人体的健康颇为有利。

玉米中的维生素 B_6、烟酸等成分，具有刺激胃肠蠕动、加速排泄的特性，可防治便秘、肠炎、肠癌等。每100克玉米能提供近300毫克的钙，几乎与乳制品中所含的钙差不多。丰富的钙可起到降血压的功效。如果每天摄入1克钙，6周后血压能降低9%。此外，玉米中所含的胡萝卜素，被人体吸收后能转化为维生素 A，它具有防癌作用；植物纤维素能加速致癌物质和其他毒物的排出；维生素 E 则有促进细胞分裂、延缓衰老、降低血清胆固醇、防止皮肤病变的功能，还能减轻动脉硬化和脑功能衰退。

骨头汤、排骨汤等是人们喜爱的食品，它含有丰富的卵磷脂和骨胶原。老年人常喝骨头汤能预防骨质疏松。人到中老年，微循环发生障碍，骨头汤中的胶原蛋白等可疏通微循环，从而改善老化症状，起到抗衰老作用。特别是在秋冬季节，用黄豆、骨头汤或排骨煨汤食用，有良好的滋补功效。排骨有很高的营养价值，具有滋阴润燥、益精补血的功效。猪排骨提供人体生理活动必需的优质蛋白质、脂肪，尤其是丰富的钙质可维护骨骼健康。

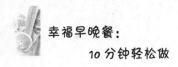
滋肾利水的酱爆腰花

成品酱香味浓郁，加上杏鲍菇鲜
嫩的口感，十分美味。

【食材用料】

猪腰400克、红椒50克、胡萝卜100克、木耳（水发）6朵、黄酱1
大勺、葱3根、植物油1大勺、水适量、食盐少许

【饮食做法】

1. 猪腰去除骚腺，切成块状，在切成腰花状。

2. 将切好的猪腰在淡盐开水中焯一下水，捞起备用。

3. 将红椒、胡萝卜切片备用。

4. 先将黑木耳、胡萝卜在油中煸炒成八成熟，倒入红椒翻炒，加少许
盐调味，盛起备用。

5. 油锅中一大勺黄豆酱炒开，倒入焯过的猪腰进行翻炒，使得黄豆酱
的酱汁完全被猪腰吸入，可加少许清水、少许糖，不喜欢甜的可以不用

放糖。

6. 将步骤（4）倒入猪腰中一起翻炒即可。

7. 最后撒入葱花或再淋一点香油，也可以加一点胡椒粉即可出锅。

【美味小贴士】

炒的时候要大火急炒，炒老了就不好吃了。

【饮食宜忌】

● 猪腰花，它有滋肾利水的作用，适宜孕妇偶尔食用以滋补肾脏。但注意在食用动物肾脏之前，一定要将肾上腺割除干净。清洗腰花时，可以看到白色纤维膜内有一个浅褐色腺体，那就是肾上腺。它富含皮质激素和髓质激素。如果孕妇误食了肾上腺，其中的皮质激素可使孕妇体内血钠增高，排水减少而诱发妊娠水肿。髓质激素可促进糖原分解，使心跳加快，诱发妊娠高血压或高血糖等疾病。同时可能出现恶心、呕吐、手足麻木、肌肉无力等中毒症状。因此，吃腰花时，必须割除肾上腺。

● 动物肾脏胆固醇、嘌呤成分含量也很高，因此，有"三高"病症的患者和中、老年人不宜食用。

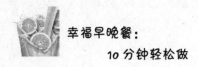

补碘消肿的海带猪骨汤

海带猪骨汤是广东省传统的汉族名菜，属于粤菜系。

【食材用料】

猪骨、海带结、姜片、精盐、醋

【饮食做法】

1. 猪骨洗净烫一下去血水，投入沸水锅中，置入姜块，滴入数滴醋，用中火煲 20 分钟。

2. 放入洗干净的海带结（偶还会加入一两片干红辣椒）继续用中火煲 15 分钟左右。

3. 加入盐、味精等调味，淋入香油即成。

【美味小贴士】

由于全球水质的污染，海带中很可能含有有毒物质－砷，所以烹制前应先用清水浸泡两三个小时，中间换一两次水，但不要浸泡时间过长，最多不超过6小时，以免水溶性的营养物质损失过多。

【营养价值】

海带有补碘消暑的功效，碘可以促进身体热量的消耗和新陈代谢。海带中富含的钾离子可帮助身体多余水分的代谢，消除水肿，对减肥也有一定的效果。

【饮食宜忌】

猪骨具有滋阴润燥、益精补血的功效，适宜气血不足、食欲缺乏者食用。因为海带自身有些特点，所以说有两类人不适宜大量食用海带。

一类是孕妇，一方面就是海带有催生的作用，另一方面海带含碘量非常高，它过多的食用会影响胎儿甲状腺的发育，所以孕妇吃要慎重一些。

第二个是海带本身按中医讲是偏寒的，所以脾胃虚寒的人，在吃海带的时候不要一次吃太多，或者搭配的时候不要跟一些寒性的物质搭配，否则的话会引起胃脘不舒服。

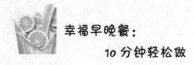
脆香可口的鸡肉煎饼

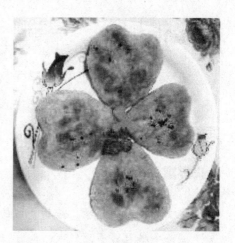

　　煎饼，是中国传统食品之一，是用面粉和玉米粉调成糊状的杂面摊烙而成。多由粗粮制作，也有细面制作。烙成饼后水分少较干燥，形态似牛皮，可厚可薄，方便叠层，口感筋道，食后耐饥饿。一般圆形，疏松多孔。

【食材用料】

　　1小块鸡肉、胡萝卜、面粉、鸡蛋、盐、油、黑芝麻

【饮食做法】

　　1. 鸡肉、胡萝卜剁成小粒，跟面粉、鸡蛋一起，加盐、调料（按个人口味自行添加），和水一起搅拌。注意水要一点一点地添加（不要加得太稀了），比蒸馒头和的面湿一点。

　　2. 然后用手捏成心形，捏的时候可以加点面粉在手上以防黏手。

　　3. 捏成型后，撒上几粒芝麻。

　　4. 用平底锅，加适量的油，不用太多，不要烧得太热，开小火慢慢

煎，两面煎熟即可，盖上锅盖烘一会儿更好！

【美味小贴士】

1. 鸡肉可以先煮一下，方便切成粒。

2. 和面加水，慢慢加。

3. 注意小火煎。

【营养价值】

鸡肉也是磷、铁、铜与锌的良好来源并且富含维生素 B_1、维生素 B_6、维生素 A、维生素 D、维生素 K。鸡肉含有对人体生长发育有重要作用的磷脂类，是膳食结构中脂肪和磷脂的重要来源之一。鸡肉对营养不良、畏寒怕冷、乏力疲劳、月经不调、贫血、虚弱等有很好的食疗作用。

【饮食宜忌】

不宜与芝麻、菊花、芥末、糯米、李子、大蒜、鲤鱼、鳖肉、虾、兔肉同食。

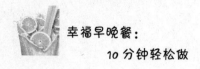
补血又排毒的黑糖发糕

酵母菌制作的糕点富含维生素 B 群，对身体有益。除此之外，这个用酵母菌发面的黑糖发糕口感软绵又富有弹性。

【食材用料】

糖水：125 克黑糖或椰糖，120 毫升水，1/4 茶匙盐

干粉：250 克面粉，1 茶匙泡打粉/发粉（也可以不用），2 克小苏打

酵母液：约 6 克即溶酵母，50 毫升水，12 克面粉，1/2 茶匙糖

辅料：1 枚蛋，100 毫升玉米油（可以稍微减少一些，甚至减少一半，但是油一定要下，不然发糕很难开口）

【饮食做法】

[面糊制作]

1. 把黑糖及砂糖用 120 毫升的水煮溶，过滤后晾凉待用。

2. 把酵母液的材料放在一个小碗内拌匀，静置一旁约 15 分钟左右，让它发出绵密的泡沫。如果酵母液没有发泡，表示酵母菌已经过期失效，不能用了，必须换过新的一批。

3. 把干粉过筛待用。

4. 先搅打晾凉的黑糖水及鸡蛋，然后倒入已经产生丰富泡沫的酵母液搅拌几秒，加入玉米油再拌。分几次拌入已经过筛的干粉搅拌至没有颗粒，把面糊充分搅拌均匀。

5. 把面糊盖好发酵，至少 30 分钟，天气冷的话可能要一个小时或更久，建议把面糊放在开了灯的烤箱内发酵，等到面糊涨高一倍且充满泡泡，取出即可。

[蒸糕方法]

1. 先在蛋挞杯或发糕专用杯内垫个纸杯。

2. 把面糊倒进纸杯至 9 分满，把杯子排在蒸笼内，杯子不要排的太密，静置几分钟等到面糊涨高至满杯才可开始蒸。

3. 开水上锅，先用大火蒸 10 分钟后再转中火蒸 5～8 分钟（依杯子大小）至发糕熟透。全程不可开盖。

【美味小贴士】

1. 如果可以用 3 大匙的西米取代同等分量的面粉下去拌面糊，可以提升发糕的口感。

2. 用新鲜的椰子水取代水来煮黑糖，会更有一番风味。

3. 一定要等面糊发涨到满杯才上笼蒸，而且杯子别排得太拥挤以免水汽不足的情况发生，这样发糕才比较容易开口。

4. 用纸杯蒸发糕会比较容易开花。

5. 如果在不用纸杯的情况下，并在杯子内抹一层黄油然后倒入面糊，则发糕在蒸发时会爬的很高而且不开花。

【营养价值】

女孩子吃黑糖可以补血又可以排毒。

黑糖水对妇女月经顺畅有帮助。喝热热的黑糖水可让身体温暖，增加能量，活络气血，加快血液循环，月经也会排得较为顺畅，女性朋友若有行经不畅、小腹胀痛的问题，不妨试试这个方法；也可加些姜汁共煮，补中气、补血养肝，温筋通络效果会更好。若是怕吃甜食易胖的人，只要在月经前一天开始，直到经期第三天吃，就可以发挥活血化瘀的效果。

【饮食宜忌】

- 阴虚内热者不宜多吃黑糖。
- 肥胖者、各种眼疾患者均不宜多食。

苹果柠香烤鸡腿

鸡腿，一种取自鸡大腿的肉（带骨头的）。另外，还有小鸡腿，又叫琵琶腿，是位于鸡翅下面的那一部分肉。

【食材用料】

鸡腿700克、苹果400克、油适量、盐适量、甜椒250克、柠檬半个、土豆500克、花椒适量

【饮食做法】

1. 提前一晚将鸡腿用花椒、盐腌上。

2. 第二日备好与鸡同烤的材料，苹果、甜椒、土豆。

3. 将土豆削皮、切成船形备用。

4. 将土豆放入烤盘里，撒点胡椒、盐，浇点油拌均匀。

5. 将腌了一晚的鸡腿摆在土豆上，并挤点柠檬汁在鸡腿上。

6. 沿四周浇点水，水量根据盘子的大小，略高于底面即可；然后将烤盘放进已经预热的烤箱，200℃烤 25 分钟左右。

7. 在烤的同时，我们将苹果洗净、去核、切成船形，挤点柠檬汁。

8. 25 分钟后，将烤盘取出，换盘或清洗。

9. 另起盘，将土豆、苹果放入，鸡腿翻面放在最上面；再入烤箱，200℃烤 20 分钟左右。

10. 20 分钟后取出烤盘，在鸡腿上抹上酱汁，再入烤箱，200℃烤 10 分钟左右。

11. 在烤的同时，我们将甜椒洗净、切成大块，调点盐。

12. 10 分钟后取出烤盘，将调了味的甜椒放入，鸡腿翻面，继续入烤箱，200℃烤 8 分钟左右即可。

【美味小贴士】

1. 苹果是第二主料，不可变，其他配料可随意。

2. 柠檬汁的作用是去异味，增香，同时，柠檬汁还可以防氧化，增味。

3. 酱汁是为了上色。酱汁可以是生抽、老抽和糖的混合。

4. 想得到更加焦脆的效果，烤箱可以调高温度到 250℃。

【营养价值】

鸡腿肉的蛋白质含量比例较高，种类多，而且消化率高，很容易被人体吸收利用，有增强体力、强壮身体的作用。鸡肉含有对人体生长发育有重要作用的磷脂类，是中国人膳食结构中脂肪和磷脂的重要来源之一．鸡肉对营养不良、畏寒怕冷、乏力疲劳、月经不调、贫血、虚弱等症状有很好的食疗作用。中医学认为，鸡肉有温中益气、补虚填精、健脾胃、活血脉、强筋骨的功效。

【饮食宜忌】

- 老人、病人、体弱者、贫血患者更宜食用。

- 感冒发热、内火偏旺、痰湿偏重的人、肥胖症患者、患有热毒疖肿的人、高血压病人、血脂偏高者、患有胆囊炎、胆石症的人忌食。

- 鸡腿肉忌与野鸡、甲鱼、芥末、鲤鱼、鲫鱼、兔肉、李子、虾子、芝麻、菊花以及葱蒜等一同食用。

- 与芝麻、菊花同食易中毒。

- 李子、兔肉同食，会导致腹泻。

- 与芥末同食会上火。

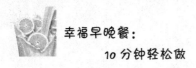

降脂开胃的魔芋豆腐

　　魔芋豆腐属于川菜，其主要食材是魔芋。"魔芋豆腐"作为新型保健食品，既可单独烹食，也可佐其他菜肴共食，味道清爽可口。

【食材用料】

　　魔芋600克、食盐适量、鸡精适量、姜适量、蒜适量、豆瓣酱适量、小葱适量、植物油适量、水适量

【饮食做法】

1. 将魔芋切成片，葱、姜、蒜切末。

2. 魔芋片入开水锅中焯一下去掉碱味。

3. 焯过的魔芋片用清水冲洗干净。

4. 炒锅放油，放入蒜、姜末炒出香味，放豆瓣酱炒匀。

5. 加入少许水或高汤大火烧开。

6. 魔芋入锅，加盐（根据口味少加或不加）、鸡精，然后大火烧开小火炖，使魔芋入味。

7. 锅里的汤汁快干时关火，装盘撒上葱花即可。

【营养价值】

魔芋作为食疗食品其葡萄糖甘露聚糖在胃中不易被分解消化，而在肠道中被消化，促进肠系酶类的分泌与活化，将多余的脂肪及有害物质清除体外，对肥胖症、糖尿病、高胆固醇、习惯性便秘、痔疮、胃病、食道癌、肺癌以及因纤维摄取量太低而引起的肠癌等有较好的疗效。能治疗心血管病、糖尿病、乳痛、高烧、丹毒，有健脾胃去风寒、利尿和护肤美发等作用。魔芋具有医治疟疾、闭经、疔疮丹毒、烫伤和降血压、降脂、开胃、防癌等功效。

此外，它还有减少体内胆固醇积累的作用，对防治高血压、动脉硬化有重要意义。

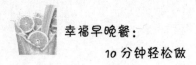

增强脑功能的迷迭香煎三文鱼

三文鱼能有效地预防糖尿病等慢性疾病的发生，具有很高的营养价值，享有"水中珍品"的美誉。

【食材用料】

三文鱼排、盐、黑胡椒、柠檬汁、迷迭香、橄榄油、白葡萄酒

【饮食做法】

1. 迷迭香1汤匙切碎，分成两份。

2. 三文鱼用适量盐、黑胡椒、柠檬汁、迷迭香一份、橄榄油腌15分钟。

3. 烧热锅，下少量橄榄油，放入三文鱼煎熟。

4. 洒入适量白葡萄酒及另一份迷迭香，将三文鱼翻一翻。

5. 待白葡萄酒收干后即可上碟。

【美味小贴士】

1. 三文鱼油脂丰富，油的用量要注意，不要放太多。

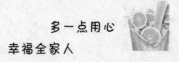

2. 吃时沾些美奶滋会更美味!

【饮食宜忌】

三文鱼老少皆宜，心血管疾病患者和脑力劳动者尤其适宜。同样也适合患有消瘦、水肿、消化不良的人。

(((生 活 小 知 识)))

三文鱼（salmon）也叫撒蒙鱼或萨门鱼，学名鲑鱼，含有丰富的不饱和脂肪酸，能有效降低血脂和血胆固醇，防治心血管疾病，每周两餐，就能将受心脏病攻击死亡的概率降低三分之一。三文鱼还含有一种叫作虾青素的物质，是一种非常强力的抗氧化剂。其所含的Ω－3脂肪酸更是脑部、视网膜及神经系统所必不可少的物质，有增强脑功能、防止老年痴呆和预防视力减退的功效。

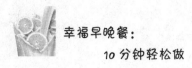
补血又美味的香醉鹅肝

　　鹅肝为鸭科动物鹅的肝脏。因其丰富的营养和特殊功效，使得鹅肝成为补血养生的理想食品 。

【食材用料】

　　鹅肝90克、油豆皮适量、花雕酒150毫升、高粱酒60毫升、清水120毫升、冻粉1.5克、冰糖5毫升、蚝油10毫升、香醋15毫升、美极鲜5毫升、白砂糖2克

【饮食做法】

1. 在奶锅中加清水倒入花雕酒和高粱酒，加入冻粉，搅匀至大火烧开。

2. 搅匀后，倒入碗中放凉制成花雕啫喱。

3. 油豆皮修成正方形。

4. 锅中加少许油烧热，放入油豆皮煎一下，盛出放入盘中备用。

5. 将鹅肝切片，摆放在油豆皮上。

6. 取适量的花雕啫喱切碎，放在鹅肝上面。

7. 将蚝油、香醋、美极鲜和白砂糖放入碗中拌匀。

8. 将步骤 7 中的汁儿浇在鹅肝上面即可。

【美味小贴士】

1. 动物肝是体内最大的毒物中转站和解毒器官，所以买回的鲜肝不要急于烹调。应把肝放在自来水龙头下冲洗 10 分钟，然后放在水中浸泡 30 分钟。

2. 烹调时间不能太短，至少应该在急火中炒 5 分钟以上，使肝完全变成灰褐色，看不到血丝才好。

3. 动物肝还是不宜食用过多，以免摄入太多的胆固醇。

【营养价值】

鹅肝是动物肝脏的一种，有着动物肝脏典型的营养成分。肝脏是动物体内储存养料和解毒的重要器官，含有丰富的营养物质，是补血佳品。

1. 动物肝中维生素 A 的含量远远超过奶、蛋、肉、鱼等食品，具有维持正常生长和生殖机能的作用。

2. 动物肝能保护眼睛，维持正常视力，防止眼睛干涩、疲劳，还能维持健康的肤色，对皮肤的健美具有重要的意义。

3. 经常食用动物肝还能补充维生素 B_2，这对补充机体重要的辅酶，完成机体对一些有毒成分的化解有重要作用。

4. 肝中还具有一般肉类食品不含的维生素 C 和微量元素硒，能增强人体的免疫反应，抗氧化、防衰老，并能抑制肿瘤细胞的产生。

5. 动物肝脏含铁丰富，铁质是产生红细胞必需的元素，一旦缺乏便会感觉疲倦，面色青白。适量进食动物肝脏可使皮肤红润。动物肝脏中富含维生素 B_2，维生素 B_2 是人体生化代谢中许多酶和辅酶的组成部分，在细胞增殖及皮肤生长中发挥着间接作用。所以，常食动物肝脏有益于皮肤健康生长。

【饮食宜忌】

- 贫血者和常在电脑前工作的人尤为适合。
- 高胆固醇血症、肝病、高血压和冠心病患者应少食。

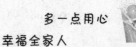
降胆固醇的油梨果炒虾仁

油梨果也称为牛油果，中间有一个很大的果核，其果肉为绿色，味如牛油，被称为"森林的牛油"。果肉含有多种不饱和脂肪酸，所以有降低胆固醇的功效，另外油梨果所含的维生素、叶酸对美容保健等也很有功效。

【食材用料】

油梨果2个、虾仁、大蒜、色拉油、盐、胡椒粉、蚝油适量

【饮食做法】

1. 油梨果从中间切成两半，去皮，去核，切成3～4毫米的薄片。

2. 虾去头，去皮，挑出虾线，加盐和淀粉拌一下，用水洗一下，控干水分。

3. 锅中放少量的色拉油，把虾炒一下，放少量的盐和胡椒粉，取出放入盘中。

4. 把锅洗净，再加少量的色拉油，用大蒜爆锅后，放入油梨果炒一下，再放入炒好的虾，加盐和蚝油轻轻炒一下即可出锅。

【美味小贴士】

1. 油梨果不要选太硬的，否则，中间的硬核取不出来。

2. 冷冻的虾一定要去虾线，用盐和淀粉搓一下，再用水清洗干净，这样虾会变得味道鲜美。

【饮食宜忌】

• 特别适宜患口腔溃疡、口角湿白、齿龈出血、牙齿松动、淤血腹痛、癌症患者。

• 孕早期妇女、目疾患者、小儿麻疹后期、疥疮、狐臭等慢性病患者要少食。

对孕妇大有裨益的芝士鲜虾青瓜烙

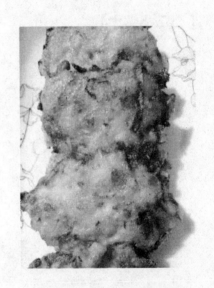

　　黄瓜的清香，配上鲜虾的美味，还有芝士的奶香，绝对的绝配，喜欢蘸料的朋友还可以根据自己的口味随意搭配，不喜欢的可以不用，原汁原味也是很美味的。

【食材用料】

　　新鲜虾、黄瓜、杏仁片、榨菜末、鸡蛋、芝士条、胡椒粉、盐、木薯粉、泰式甜辣酱

【饮食做法】

　　1. 活虾剥成虾仁并剁成小丁，这样口感会更好些，感觉满口都是虾仁。

　　2. 黄瓜去皮去籽切丝。

　　3. 准备容器，把虾仁、黄瓜丝、杏仁片、榨菜末、鸡蛋、芝士条、胡

椒粉、盐、木薯粉全部放入容器中翻拌均匀。

4. 平底锅放入橄榄油烧至 60℃时，放入拌好的食材煎至两面金黄即可出锅，大约 2~3 分钟。

5. 出锅后吸油纸控油，摆盘即可。

【美味小贴士】

1. 在烹制虾仁之前，先把料酒、葱、姜与虾仁一起浸泡。

2. 在用滚水汤煮虾仁时，在水中放一根肉桂棒，既可以去虾仁腥味，又不影响虾仁的鲜味。

3. 虾仁的营养价值很高，含有蛋白质、钙，而脂肪含量较低，配以笋尖、黄瓜，营养更丰富，有健脑、养胃、润肠的功效，适宜于儿童食用。

【营养价值】

1. 虾营养丰富，含蛋白质是鱼、蛋、奶的几倍到几十倍；还含有丰富的钾、碘、镁、磷等矿物质及维生素 A、氨茶碱等成分，且其肉质松软，易消化，对身体虚弱以及病后需要调养的人是极好的食物。

2. 虾中含有丰富的镁，镁对心脏活动具有重要的调节作用，能很好地保护心血管系统，它可减少血液中胆固醇含量，防止动脉硬化，同时还能扩张冠状动脉，有利于预防高血压及心肌梗死。

3. 虾的通乳作用较强，并且富含磷、钙、对小儿、孕妇尤有补益功效。

4. 虾体内很重要的一种物质就是虾青素，就是表面红颜色的成分，虾青素是目前发现的最强的一种抗氧化剂，颜色越深说明虾青素含量越高。广泛应用在化妆品、食品添加剂以及药品中。日本大阪大学的科学家发现，虾体内的虾青素有助于消除因时差反应而产生的"时差症"。

【饮食宜忌】

● 虾忌与某些水果同吃。虾含有比较丰富的蛋白质和钙等营养物质。如果把它们与含有鞣酸的水果，如葡萄、石榴、山楂、柿子等同食，不仅会降低蛋白质的营养价值，而且鞣酸和钙离子结合形成不溶性结合物刺激肠胃，引起人体不适，出现呕吐、头晕、恶心和腹痛腹泻等症状。海鲜与这些水果同吃至少应间隔 2 小时。

● 中老年人、孕妇、心血管病患者、肾虚阳痿、男性不育症、腰脚无力之人尤其适合食用。

● 宿疾者、上火的人不宜食虾；患过敏性鼻炎、支气管炎、反复发作性过敏性皮炎的老年人不宜吃虾；虾为动风发物，患有皮肤疥癣者忌食。

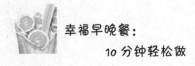
除烦止渴的蚝油西葫芦

山西等地把西葫芦叫北瓜，别名熊（雄）瓜、白瓜、小瓜、番瓜、角瓜、菜南瓜、荀瓜等；一年生草质粗壮藤本（蔓生），有矮生、半蔓生、蔓生三大品系。多数品种主蔓优势明显，侧蔓少而弱。茎粗壮，圆柱状，有白色的短刚毛。西葫芦喜湿润，不耐干旱，特别是在结瓜期土壤应保持湿润，才能获得高产。

【食材用料】

西葫芦、干辣椒 3 个、大蒜 4 瓣、蚝油、植物油、生抽、味精、盐

【饮食做法】

1. 西葫芦去皮去瓤，切成粗细均匀的条，干辣椒切段、蒜拍碎。

2. 锅热后，放少许植物油，放入干辣椒段和蒜碎，炒出香味。

3. 放入西葫芦条，翻炒，放一勺蚝油，炒均匀。

4. 放一勺生抽，继续翻炒，以免糊锅。

5. 大火快炒，出锅前视情况放盐，放少许味精，翻炒出锅。

【美味小贴士】

火候比较关键，炒的时候热锅凉油，这样菜会更香。要大火快炒，西葫芦比较嫩，很快就熟了。

【营养价值】

中医认为西葫芦具有清热利尿、除烦止渴、润肺止咳、消肿散结的功能，可用于辅助治疗水肿腹胀、烦渴、疮毒以及肾炎、肝硬化腹水等症；对烦渴、水肿腹胀、疮毒以及肾炎、肝硬化腹水等症具有辅助治疗的作用；能增强免疫力，发挥抗病毒和肿瘤的作用；能促进人体内胰岛素的分泌，可有效地防治糖尿病，预防肝肾病变，有助于增强肝肾细胞的再生能力。

西葫芦富含蛋白质、矿物质和维生素等物质，不含脂肪，还含有瓜氨酸、腺嘌呤、天门冬氨酸等物质，且含钠盐很低。

【饮食宜忌】

- 糖尿病、肝病、肾病患者宜食；肺病患者宜吃白糖西葫芦。
- 西葫芦不宜生吃，脾胃虚寒者应少吃。

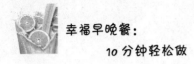
口味香甜的豆渣饼

大豆中有一部分营养成分残留在豆渣中，一般豆腐渣含水分85%，蛋白质3.0%，脂肪0.5%，碳水化合物（纤维素、多糖等）8.0%，此外，还含有钙、磷、铁等矿物质。

【食材用料】

豆渣500克、面粉100克、植物油1勺、白糖3勺、水适量

【饮食做法】

1. 收集豆浆滤出来的豆渣，放入容器中备用。

2. 在盛有豆渣的容器中倒入适量面粉，调入适量白糖。

3. 面粉、豆渣、白糖混合均匀后，倒入适量清水，同时搅拌豆渣糊。

4. 搅拌好的豆渣面糊，舀起后，豆渣糊会很顺畅地往下面流。

5. 电饼铛刷上适量植物油，接通电源，上下开关一起打开，然后预热。

6. 将豆渣面糊舀入电饼铛里，然后合上盖子，选择"大饼"功能。

7. 电饼铛语音提示豆渣饼煎好了，就打开盖子，给豆渣饼刷一层油。

8. 翻面，再煎 1 分钟即可。

【美味小贴士】

1. 因为豆渣的含水量不同，所以面粉的量要根据情况加，最后调成可捏成团状即可。

2. 如果是生豆渣，煎的时间要长一些，使豆渣彻底熟透。

3. 如果电饼铛是双面加热的，可以不用翻面。

【营养价值】

食用豆腐渣，能降低血液中胆固醇含量，减少糖尿病人对胰岛素的消耗；豆腐渣中丰富的食物纤维，有预防肠癌及减肥的功效，因而豆腐渣被视为一种新的保健食品源。

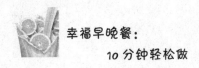
老少皆宜的黄桃莲子龟苓膏

龟苓膏以名贵的鹰嘴龟和土茯苓
为原料，再配生地等药物精制而成。
黄桃莲子龟苓膏，佐以水果、莲子、
白果，是一道简单又符合时令的小
甜品。

【食材用料】

龟苓膏 200 克、莲子 50 克、鲜白果 50 克、桃罐头 100 克、水适量、
冰糖 20 克

【饮食做法】

1. 莲子预先用清水浸泡 40 ~ 60 分钟，白果清洗干净。

2. 莲子、白果加清水和冰糖，煮烂。

3. 黄桃和龟苓膏分别切成适合大小备用。

4. 龟苓膏加入适量的黄桃、莲子、白果。

5. 可以加入适量罐头糖水增加甜味。

【美味小贴士】

1. 白果不能一次吃太多。

2. 清甜爽口，龟苓膏莲子和白果基本属于无味，酸甜的黄桃可以起到点睛之笔。

【营养价值】

龟苓膏性温和，不凉不燥，老少皆宜，具有清热去湿，旺血生肌，止瘙痒，去暗疮，润肠通便，滋阴补肾，养颜提神等功效，龟苓膏中含有多种活性多糖和氨基酸，具有低热量、低脂肪、低胆固醇的特点，有调节血脂和血糖的功效。

【饮食宜忌】

因为龟苓膏可促进血液循环并属于清凉解毒的食品，因此孕妇及处于月经期间的女性朋友不宜食用，体质虚弱者也不宜常食。

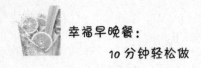
咸鲜可口的魔芋丝瓜汤

丝瓜提取物对乙型脑炎病毒有明显预防作用，在丝瓜组织培养液中还提取到一种具抗过敏性物质泻根醇酸，其有很强的抗过敏作用。魔芋是低热食品，其中所含的葡萄甘露聚糖会吸水膨胀，可增大至原体积的 30 ~ 100 倍，因而食后有饱腹感，可用于治疗糖尿病，也是理想的减肥食品

【食材用料】

丝瓜 2 个、魔芋丝结适量、植物油 1 小勺、葱 1 段、姜 1 块、食盐 3 克、蚝油 1 小勺、香油几滴、水适量

【饮食做法】

1. 炒锅倒少许油，放入葱末、姜末炒香后放入少许蚝油。

2. 加适量水或高汤，先放入魔芋结煮至半熟后，再放入火腿肠，丝瓜煮制。

3. 煮至魔芋结熟后放入少许盐，淋入几滴香油。

【美味小贴士】

丝瓜极易成熟，所以要最后放，加蚝油是为了给汤提鲜，如果有高汤，蚝油可以不加。

【营养价值】

丝瓜不仅营养丰富，而且有一定的药用价值，浑身都是宝。丝瓜中含有丰富营养成分，所含的干扰素诱生剂，能刺激人体产生干扰素，达到抗病毒、防癌的目的。一般来说，吃嫩丝瓜口感、营养和治疗效果都更好。

丝瓜还是消雀斑、增白、去除皱纹的不可多得的天然美容剂。长期食用或用丝瓜液擦脸，还能使人皮肤变得光滑、细腻，具有抗皱消炎，预防、消除痤疮及黑色素沉着的特殊功效。丝瓜子性寒，味苦微甘，有清热化痰、解毒、润燥、驱虫等作用。

【饮食宜忌】

• 久病体虚弱、脾胃虚弱、消化不良的人还是少吃为宜。

• 丝瓜络性平味甘，以通络见长，可以用于产后缺乳和气血瘀滞的胸胁胀痛。

• 丝瓜花性寒，味甘微苦，有清热解毒的功效，可以用于肺热咳嗽、咽痛、疔疮等。

• 丝瓜藤舒筋活络，并且可以祛痰。

• 丝瓜藤茎的汁液具有美容去皱的特殊功能。

• 丝瓜根可以用来消炎杀菌、去腐生肌。

• 月经不调者、身体疲乏者适宜多吃丝瓜。

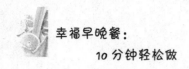

促进新陈代谢的虎皮尖椒

虎皮尖椒是一道四川的汉族名菜，属于川菜，主要食材是尖椒，主要烹饪工艺是炒。

【食材用料】

青椒 250 克、大蒜 3 粒、酱油 1 汤匙、白糖 1 茶匙、香醋适量、盐适量、花生油 3 汤匙

【饮食做法】

1. 青椒洗净、大蒜备好。

2. 青椒切长段，大蒜切末。

3. 锅里不放油，直接放青椒，用小火焙至两面表皮起皱，有褐色斑点，盛出。

4. 取 1 茶匙白糖放入空碗中，再倒入充分淹没它的香醋，调匀。

5. 炒锅放油，油温后放大蒜炒香。

6. 加入青椒，改中火翻炒均匀。

7. 调入酱油炒匀，尝试下咸淡，再调入适量盐，炒匀。

8. 调入糖醋水，炒匀，视辣椒变软蔫，起锅。

【美味小贴士】

1. 青椒可随自己的喜好和吃辣的程度变换品种，比如菜椒等。

2. 在焙辣椒时，要随时翻动辣椒，查看是否表皮起皱，有斑点。

3. 待一面起皱，有褐色斑点时，先把火关掉，全部翻完，再开火焙另一面，避免辣椒糊掉。

4. 先焙辣椒，目的在于烤去里面多余的水分，让它炒后更香浓，但不要全部焙糊了。

5. 糖醋味不好把握，先取 1 茶匙白糖，再调入充分没住它的香醋，搅匀后尝试味道，适量添加。

6. 如果怕辣，可将辣椒炒得稍微软蔫一点，没那么辣。油盐不能过少，显辣不显香。

【营养价值】

辣椒含有丰富的维生素等，食用辣椒，能增加饭量，增强体力，改善怕冷、冻伤、血管性头痛等症状。辣椒含有一种特殊物质，能加速新陈代谢，促进荷尔蒙分泌，保健皮肤。富含维生素 C，可以控制心脏病及冠状动脉硬化，降低胆固醇。含有较多抗氧化物质，可预防癌症及其他慢性疾病。可以使呼吸道畅通，用以治疗咳嗽、感冒。辣椒还能杀抑胃肠内的寄生虫。

辣椒味辛、性热，入心、脾经；有温中散寒，开胃消食的功效；主治寒滞腹痛，呕吐、泻痢，冻疮，脾胃虚寒，伤风感冒等症。

1. 解热、镇痛。辣椒辛温，能够通过发汗而降低体温，并缓解肌肉疼痛，因此具有较强的解热镇痛作用。

2. 预防癌。辣椒的有效成分辣椒素是一种抗氧化物质，它可阻止有关细胞的新陈代谢，从而终止细胞组织的癌变过程，降低癌症细胞的发生率。

3. 增加食欲、帮助消化。辣椒强烈的香辣味能刺激唾液和胃液的分泌，增加食欲，促进肠道蠕动，帮助消化。

4. 降脂减肥。辣椒所含的辣椒素，能够促进脂肪的新陈代谢，防止体内脂肪积存，有利于降脂减肥防病。

5. 过多食用辣椒素会剧烈刺激胃肠黏膜，引起胃痛、腹泻并使肛门烧灼刺疼，诱发胃肠疾病，促使痔疮出血。

【饮食宜忌】

● 体型偏瘦的人。中医认为，瘦人多属阴虚和热性体质，常表现为咽干、口苦、眼部充血、头重脚轻、烦躁易怒。如果过食辛辣，就会使上述症状加重，导致出血、过敏和炎症。

● 甲亢患者。甲亢患者常常处在高度兴奋状态，过量吃辣椒等刺激性食物可加重症状。

● 肾炎患者不宜食用辣椒。研究证明，在人体代谢过程中，辛辣成分常常要通过肾脏排泄，对肾脏实质细胞产生不同程度的刺激作用。

● 慢性胃肠病、痔疮、皮炎、结核病、慢性气管炎及高血压患者不宜食用。

● 大蒜辛温，多食生热，且对局部有刺激，阴虚火旺、目口舌有疾者忌食；患有胃溃疡、十二指肠溃疡、肝病以及阴虚火旺者忌用；眼病患者在治疗期间，应当禁食蒜和其他刺激性食物，否则将影响疗效；同时大蒜不宜食用过多，容易引起动火，耗血。

滋润养颜甜品银耳莲子羹

银耳莲子羹，汉族传统名点。口感浓甜润滑，美味可口。李时珍在《本草纲目》中写道："莲之味甘，气温而性涩，清芳之气，得稼穑之味。"

【食材用料】

银耳 15 克、莲子 50 克、冰糖 80 克、水约 2500 毫升

【饮食做法】

1. 将银耳洗净，放入温水中浸泡约 2 小时。

2. 将莲子洗净，稍稍浸泡一下（不要超过 10 分钟，也可不泡）。

3. 将泡发的银耳择去蒂，洗净撕成小朵，沥干。

4. 将银耳、莲子放入高压锅中，倒入约 2500 毫升的清水，盖上锅盖，大火烧至冒汽后转中小火，煮至莲子软糯银耳胶质黏稠。

5. 待高压锅泄压后打开锅盖，放入冰糖，再稍煮一下让冰糖融化，然后将其晾凉，可直接食用，放入冰箱冷藏后食用风味更佳。

【美味小贴士】

1. 挑选银耳时，不要挑选颜色太白的。

2. 莲子不要浸泡太久，泡太久反而不容易煮至软糯。

3. 如果没有高压锅，也可用普通的锅子来煮，只是时间要久一些才行。

【营养价值】

银耳是一种含粗纤维的减肥食品。营养价值也很高，每百克干银耳中含蛋白质5克、脂肪0.6克、碳水化合物78.3克。

莲子性平、味甘涩，有益心、补肾、止泻、固精、安神之效。银耳莲子糖羹有较强的滋补健身功能，是传统的润肤养颜佳品。

【饮食宜忌】

● 适宜于一切妇孺、病后体虚者，且对女性具有很好的嫩肤美容功效。

● 平素腹胀、大便干结的人忌食。

● 大枣忌与葱和鱼同食。

鲜嫩多滋的文蛤丝瓜汤

贝类的鲜美总是让人垂涎欲滴、百吃不厌，而文蛤肉嫩味鲜又是贝类海鲜中的上品。

【食材用料】

丝瓜 1 根、玉米粒 50 克、文蛤 300 克、毛豆 50 克

【饮食做法】

1. 将玉米粒剥下，这样比较新鲜。

2. 丝瓜去皮切成滚刀块。

3. 文蛤最好是用水浸泡 2~3 小时，去泥沙。

4. 让文蛤在沸水中张开，捞起备用。

5. 适量的清水入锅烧沸，放入玉米粒和毛豆粒煮熟。

6. 放入丝瓜。

7. 汤汁烧开后，放入适量的盐。

8. 适量的蔬之鲜。

9. 调入胡椒粉。

10. 放入文蛤。

11. 烧开后淋上香油即可出锅。

【美味小贴士】

1. 文蛤浸泡的水中，放入几滴油或者是一小撮盐，帮助文蛤吐尽泥沙。

2. 先将文蛤用沸水烧开，使汤汁更加的清澈。

3. 因为丝瓜是容易熟的蔬菜，所以不要烧太久。

4. 烧汤的时候最好是用高汤，这样味道更佳的鲜美。

5. 不喜欢香油的朋友可以不用放，这样汤会更加的清淡。

超级下饭的河虾炒韭菜花

把小河虾和嫩嫩的韭菜花一炒，将韭菜花的甜和小河虾的香混搭，是下饭菜的上品。

【食材用料】

小河虾 200 克、韭菜花 150 克、植物油适量、盐 3 克

【饮食做法】

1. 小虾仁用清水洗几遍，然后晾干水分。

2. 韭菜花清洗干净，然后切 2 ~ 3 厘米小长段。

3. 热油锅，倒入平时炒菜的 3 ~ 4 倍油量，待锅冒烟就把小河虾倒入油里，慢慢炸到小河虾变色后再炸 2 ~ 3 分钟即可捞出，沥油（如果想小河虾吃起来是外壳脆的话可以再炸久一点）。

4. 再热锅，倒 2 勺油，待油温升高时候倒入韭菜花，大火翻炒至断青后倒入小河虾，翻炒几下，加盐调味即可出锅食用了。

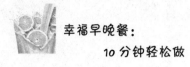
【美味小贴士】

1. 小河虾在炸的时候油最好多点，这样炸出来口感会比较好。

2. 韭菜花不用炒太久，否则口感就会变老。只要断青就可以了，这样吃起来很鲜甜。

【营养价值】

1. 虾营养丰富，且其肉质松软，易消化，对身体虚弱以及病后需要调养的人是极好的食物。

2. 虾中含有丰富的镁，镁对心脏活动具有重要的调节作用，能很好地保护心血管系统，它可减少血液中胆固醇含量，防止动脉硬化，同时还能扩张冠状动脉，有利于预防高血压及心肌梗死；

3. 虾的通乳作用较强，并且富含磷、钙、对小儿、孕妇尤有补益功效。

4. 河虾体内很重要的一种物质就是虾青素，就是表面红颜色的成分，虾青素是目前发现的最强的一种抗氧化剂，颜色越深说明虾青素含量越高。广泛用在化妆品、食品添加以及药品中。

【饮食宜忌】

● 中老年人、孕妇、心血管病患者、肾虚阳痿、男性不育症、腰脚无力之人更适合食用。

● 适宜中老年人缺钙所致的小腿抽筋者食用。

● 宿疾者、正值上火之时不宜食虾。

● 体质过敏，如患过敏性鼻炎、支气管炎、反复发作性过敏性皮炎的老年人不宜吃虾。

● 虾为动风发物，患有皮肤疥癣者忌食。

鲜香嫩滑的鱼汤虾仁蒸蛋

蒸蛋好吃又容易做，鱼汤虾仁蒸
蛋是宝宝最爱的食物之一。

【食材用料】

鲫鱼汤、米虾肉、草鸡蛋、极少的盐和葱

【饮食做法】

1. 放凉的鱼汤内加一个草鸡蛋，打散。

2. 打好的鸡蛋液中间加一点点的盐，不要搅动。

3. 平底锅中放少许水，装有鱼汤蛋液的碗置于锅中间。

4. 盖锅大火蒸 5 分钟，加入切碎的米虾肉和香葱丝，转小火蒸 5 分钟
即可。

【美味小贴士】

1. 水的量一般为蛋液的 1.5 ~ 2 倍为宜。

2. 搅拌好的蛋液要用漏勺过滤一下，这样没气泡，口感又好又美观。

103

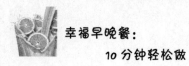

【营养价值】

鸡蛋的蛋白质中含有丰富的人体必需氨基酸，其组成比例适合人体需要，也是维生素、无机盐的良好来源，是一种营养价值很高的食品。

【饮食宜忌】

- 鸡蛋与未煮熟的豆浆相克，降低了营养价值。
- 鸡蛋与红薯相克，同食更加不易消化。
- 鸡蛋与豆类相克。
- 鸡蛋不宜生吃。
- 鸡蛋与生葱、生蒜相克。

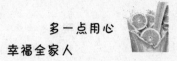

刮油圣品凉拌冻豆腐

把冻豆腐当面筋一样的做成凉拌款，调味得当的话也是清爽美味的小菜，最适合炎炎夏日。

【食材用料】

冻豆腐一片（一人份约用整块豆腐 1/4 的量）、荆芥或者菠菜一把（可按个人喜好选择自己喜欢的蔬菜）、生抽一汤匙、醋一汤匙、蚝油 1/3 汤匙、糖 1/4 汤匙或更少、芝麻酱半汤匙（不减肥的可以多放）、老干妈适量（按吃辣能力适量添加）、大蒜 2 瓣儿、香油几滴、盐适量、温水适量

【准备】

冻豆腐：

将豆腐洗净，用厨房纸吸净表面水分，一大块豆腐可切成四片，每片单独装入保鲜袋，叠放好送进冰箱冷冻室存放即成冻豆腐。

此分装法有助于使用时快速解冻和完整切分。

【饮食做法】

1. 取一片冻豆腐，连保鲜袋一起在水中浸泡解冻，赶时间的可用温热

水，待豆腐由黄变白，恢复柔软即可继续下一步。

2. 将冻豆腐切成整齐的小块。

3. 烧一锅开水，给一勺盐，水开后下入冻豆腐煮几分钟，将豆腐煮熟后用沥网捞出。

4. 如果使用菠菜，也需事先在盐开水中汆烫，去除草酸钙，这样和豆腐搭配就没有问题了，焯好水后冻豆腐和菠菜同盘盛放。

5. 芝麻酱加适量清水搅拌，大蒜用热水浸泡片刻，将除盐以外的所有调料混合，如果凉拌汁的量太少，还要再加入一些温水，总量合适后根据口味加适当的盐调味即成凉拌汁。

6. 将凉拌汁浇在冻豆腐和菠菜上，拌匀即可食用。

【饮食宜忌】

豆腐消化慢，小儿及消化不良者不宜多食；豆腐含嘌呤较多，痛风病人及血尿酸浓度增高的患者慎食。

经典甜品杨枝甘露

杨枝甘露，几乎是所有港式甜品店的招牌甜点，西柚粒和芒果丁红黄分明，漂浮在浓稠的果浆中，粒粒西米晶莹剔透；一入口中，果浆甘香醇厚，西米爽滑，更兼芒果香甜、西柚酸爽，味道不是很甜，却层次丰富、清凉舒爽、沁人心脾。

【食材用料】

芒果 3 个（约 1000 克）、西米 100 克、西柚半个、椰浆 180 克、牛奶 100 克、白糖 50 克

【饮食做法】

1. 煮锅中坐水，大火煮沸后，加入西米，沸腾后转中火，煮大约 15 分钟，其间不断搅拌，防止黏锅底。

2. 15 分钟后盖上锅盖，关火焖 5 ~ 10 分钟，至西米基本没有白点，如果还有白点，可以再开火煮一会儿、焖一会儿。

3. 捞出西米，用流动的水冲洗干净黏液。

4. 泡入冰开水中备用。

5. 将牛奶、椰浆和白糖放进煮锅，小火加热至白糖溶化，关火冷却备用。

6. 将西柚剥去外皮，再撕去内层薄皮，剥出果肉，冷藏备用。

7. 芒果去核取果肉。横刀沿果核片下两片厚肉，在果肉上打花刀，从果皮一面往上一推，果肉丁立即成花状散开，再片下果肉丁即可。

8. 留出一些整齐漂亮的芒果丁，冷藏以备装饰。

9. 其余全部果肉放入料理机的搅拌缸，再加入冷却的椰浆牛奶糖液，搅打到均匀顺滑。

10. 将西米捞出，沥干水分，与芒果果浆混合，如果一时不吃，可以密封冷藏。

11. 吃的时候，取适量芒果西米浆放入容器，再撒上西柚粒和芒果丁，即可。

【美味小贴士】

1. 这个配方口味相对清淡，如果喜欢更醇香的口味，可以再加 2 大勺动物性淡奶油，淡奶油可以与果浆一起搅打，也可以吃的时候浇在顶上，均可。

2. 煮西米其实也无多大技巧，就是沸水入锅，先煮后焖，直到米粒中间没有白点即可，煮的时候加水要宽，避免中途水不够用再加水，影响口感和味道。

3. 椰浆、牛奶也可以不用加热，直接与芒果混合打浆，同样为了安全卫生起见，可以加热一下。加热的同时融化白糖，也可以得到更好的口感。

4. 有的做法要将打好的果浆过滤一下，可能口感会更顺滑。但我觉得，芒果打成浆后口感已经很好了，过滤有点画蛇添足，大无必要。

5. 如果急着吃，冷藏的过程均可以省略；不过冷藏过后，口感更好。

【饮食宜忌】

冲洗过的西米要浸泡在冰水中，以防粘连，冰水一定要是开水冰镇的，不然可能会闹肚子。

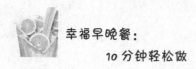
健脾暖胃的火腿咸肉粽

粽子无疑是糯米和火腿、咸肉在火与水的激烈碰撞中孕育出的爱情结晶，剥开粽子的瞬间，热气混合着糯米、火腿和咸肉的味道喷薄而出弥漫了整个屋子，随着最后一口粽子下肚，只留下质朴的香气和孤零零的粽叶。

【食材用料】

粽叶、糯米、五花肉、火腿

腌肉料：鲜味生抽、蚝油、盐、花椒粉、胡椒粉、姜片

【饮食做法】

1. 五花肉切厚片，提前一天用鲜味生抽、蚝油、盐、花椒粉、胡椒粉、姜片抓匀腌制入味。

2. 糯米无须浸泡，洗净沥水。

3. 粽叶提前一天刷洗干净，入锅煮 5 分钟后放凉备用。

4. 糯米、腌制过的五花肉和火腿切块。

5. 取两张粽叶，毛面相贴。

6. 沿下方三分之二处卷起成漏斗状。

7. 先装适量糯米。

8. 放入两片五花肉、一片火腿。

9. 再放入糯米完全覆盖。

10. 把上方的粽叶往翻折下来。

11. 同时，将两边往下折紧。

12. 将多余的粽叶翻转折好

13. 用棉线或者粽绳捆扎结实。

14. 凉水入锅，大火煮开后转中火煮 5 小时，中间可加热水。

【营养价值】

糯米是一种温和的滋补品，有补虚、补血、健脾暖胃、止汗等作用。适用于脾胃虚寒所致的反胃、食欲减少、泄泻和气虚引起的汗虚、气短无力、妊娠腹坠胀等症。现代科学研究表明，糯米含有蛋白质、脂肪、糖类、钙、磷、铁、维生素 B 及淀粉等，为温补强壮品。其中所含淀粉为支链淀粉，所以在肠胃中难以消化水解。

【饮食宜忌】

• 糯米食品宜加热后食用。

• 糯米不宜一次食用过多。糯米性黏滞，难于消化，不宜一次食用过多，老人、小孩或病人更宜慎用。

• 糯米年糕无论甜咸，其碳水化合物和钠的含量都很高，对于有糖尿病、体重过重或其他慢性病如肾脏病、高血脂的人要适可而止。

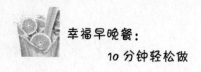
清热化痰的凉拌海蜇皮

凉拌海蜇皮是以海蜇皮为主料的
凉拌菜。辅菜可以因人而异添加，属
于浙江菜系。

【食材用料】

海蜇皮、绿豆粉丝、白菜心、香菜、大蒜、醋、盐、香油等

【饮食做法】

1. 海蜇皮清水浸泡半天以上，粉丝用开水浸泡 10 分钟。

2. 白菜心切丝，泡好的海蜇皮洗净切丝，泡好的粉丝切断，香菜洗净
切段。

3. 大蒜剥皮后洗净，加少许盐用蒜臼捣碎，加醋调和拌匀。

4. 在一个盆里，放入白菜丝、海蜇皮丝、粉丝和香菜，倒入醋蒜泥，
加少许盐，最后加 1 小勺香油，拌匀后装盘。

【美味小贴士】

1. 海蜇皮一定要清水浸泡很长一段时间，最好是一个白天或是一个晚上，这样才能去除盐和苦涩味，否则太咸。

2. 一定要选用纯绿豆粉丝，而不是豌豆的或是豌豆绿豆混合的，不一样材质做出的菜味道是不一样的。

3. 拌海蜇皮一定要用白菜心，口感甜。

4. 做凉拌菜的时候放了醋就别放味精，因为谷氨酸钠和醋酸在一起，会产生一种苦涩的感觉，反而不利于菜的口感。

【营养价值】

海蜇含有人体需要的多种营养成分，尤其含有人们饮食中所缺的碘，是一种重要的营养食品。海蜇具有清热、化痰、消积、通便的功效，用于阴虚肺燥、高血压、痰热咳嗽、哮喘、食积痞胀、大便燥结等症。

【饮食宜忌】

海蜇忌与白糖同腌，否则不能久藏。

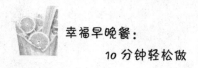

黑糖小豆羊羹

羊羹在日本慢慢演化成为一种以豆类制成的果冻状食品。其后随着茶道的发展，羊羹逐渐成为一道著名的茶点。

【食材用料】

红小豆 200 克、黑糖 70 克、琼脂 7 克

【饮食做法】

1. 红小豆清洗干净，剔除坏豆、空豆，用清水浸泡半天，捞出沥干。

2. 将红小豆倒入压力锅，再倒入清水，水不用多，没过红豆即可，压力锅焖一小时，这时豆子已开花煮烂。

3. 将煮好的豆子过筛，去除豆皮，留下豆沙，琼脂用清水泡发洗净备用。

4. 将锅中的红豆水倒入小锅中，将琼脂加入，小火慢慢加热，直到琼脂全部溶化。

5. 加入黑糖继续加热，直到糖全部融化，放入事先做好的豆沙，搅拌均匀。

6. 锅中的豆沙液过滤后，放入容器内放凉，凝固后可切块，即成小豆羊羹

【美味小贴士】

1. 煮红小豆的时候提前用水浸泡，可以让红豆更快酥烂，省火省力。

2. 煮红豆的时候可以依个人口味加入陈皮或小苏打。

3. 将豆子过筛是个费事活，图省事的可以先用搅拌机打碎再过筛。

4. 琼脂用之前必须用清水泡发，没有黑糖可以用红糖，其实两者是一个东西，就是熬制时间的区别。

5. 最后再过筛一次，可以让做出的羊羹更细腻。

【营养价值】

红豆有清热解毒、健脾益胃、利尿消肿、通气除烦等作用，可治疗小便不利、脾虚水肿、脚气等症。

【饮食宜忌】

● 肾脏性水肿、心脏性水肿、肝硬化腹水、营养不良性水肿以及肥胖症等病症患者适宜食用，如能配合乌鱼、鲤鱼或黄母鸡同食，消肿效果更好。

● 同时产后缺奶和产后水肿的妇女也宜食，用红小豆煎汤喝或煮粥食用。

● 尿多之人不宜食用，主要是由于红小豆具有利水的功能。

生活小知识

羊羹起源于我国，最早的羊羹是用羊肉来熬制的羹，冷却成冻以佐餐。其后随禅宗传至日本，由于僧人不食肉，于是便用红豆与面粉或者葛粉混合后蒸制，成为一种素羊羹，后来经过长期的改良，在制作过程中加入寒天（一种晒制而成的干菜，煮后凝固成果冻状，与现代的"琼脂"相似）制成炼羊羹，也将羊羹的形状做成长方形。此后，羊羹成为一种以豆类制成的果冻状食品，并随着茶道的发展，逐渐成为一道著名的茶点。

周作人先生（鲁迅先生的弟弟）写的《羊肝饼》一文中也有记载："有一件东西，是本国出产的，被运往外国经过四五百年之久，又运了回来，却换了别一个面貌了。"这在一切东西都是如此，但在吃食有偏好关系的物事，尤其显著，如有名茶点的"羊羹"，便是最好的一例。"羊羹"这名称不见经传，一直到近时北京仿制，才出现市面上。这并不是羊肉什么做的羹，乃是一种净素的食品，系用小豆做成细馅，加糖精制而成，凝结成块，切作长物，所以实事求是，理应叫作'豆沙糖'才是正版。

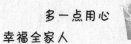

益血生肌的泡椒藕丁

高温会影响人们的胃口，酸爽开胃的素食能够唤醒你的味蕾。市售的泡椒用来腌制花生、各种爽脆泡菜都是不错的选择。

【食材用料】

莲藕、泡椒、红椒、葱、姜、蒜、生抽、老抽、鸡精、盐、糖、香油

【饮食做法】

1. 莲藕洗净去皮切丁，清水淘洗两遍去掉多余淀粉，再加清水和少许白醋浸泡片刻沥水备用。

2. 泡椒红椒切圈、葱姜蒜切碎备用。

3. 油烧热，一次性倒入步骤 2 的所有配料炒出香味。

4. 倒入提前浸泡并沥水的藕丁翻炒。

5. 加生抽和少许老抽。

6. 将泡椒水也加一点。

7. 加盐和鸡精翻炒，出锅前加少许糖，淋入香油。

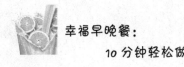
【美味小贴士】

1. 莲藕含有很多的淀粉，切好后要泡入水中去掉多余淀粉，这样不会黏锅。

2. 泡椒微微酸，调入糖会平衡口感更鲜美。

3. 泡椒多少可以根据口味调节多少。

【营养价值】

藕和藕节药性平和，临床应用很少出现毒副作用，因此可放心使用。

1. 清热凉血。

莲藕生用性寒，有清热凉血作用，可用来治疗热性病症；莲藕味甘多液、对热病口渴、咯血、下血者尤为有益。

2. 通便止泻、健脾开胃。

莲藕中含有黏液蛋白和膳食纤维，能与人体内胆酸盐，食物中的胆固醇及甘油三酯结合，使其从粪便中排出，从而减少脂类的吸收。莲藕散发出一种独特清香，还含有鞣质，有一定健脾止泻作用，能增进食欲，促进消化，开胃健中，有益于胃纳不佳，食欲不振者恢复健康。

3. 益血生肌。

藕的营养价值很高，富含铁、钙等微量元素，植物蛋白质、维生素以及淀粉含量也很丰富，有明显的补益气血，增强人体免疫力作用。故中医称其："主补中养神，益气力"。

4. 止血散淤。

藕含有大量的单宁酸，有收缩血管作用，可用来止血。藕还能凉血，散血，中医认为其止血而不留淤，是热病血症的食疗佳品。

【饮食宜忌】

- 对于肝病、便秘、糖尿病等一切有虚弱之症的人十分有益。
- 对于淤血、吐血、尿血、便血的人以及产妇极为适合。
- 由于藕性偏凉，故产妇不宜过早食用。

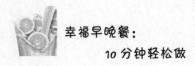

促进胎儿大脑发育的白灼芦笋

芦笋是世界十大名菜之一，又名
石刀柏、龙须菜（区别于海发菜——
深海蔬菜，亦有别名龙须菜），在国
际市场上享有"蔬菜之王"的美称。

【食材用料】

新鲜芦笋 1 把（约 500 克）、清水适量、盐适量、小米椒 1 个、食用
油 1 大勺、蒸鱼豉油 2 大勺

【饮食做法】

1. 芦笋洗净去老根，切成两段或三段，接近根部的一段削去老皮；小
米椒倾斜切片备用。

2. 锅中坐水，大火烧开，加入少许盐。

3. 下入芦笋段，保持大火氽烫 20 ~ 30 秒钟。

4. 捞出，立即放入冰水中过凉。

5. 捞出控干水分备用。

6. 起炒锅，热锅入凉油，下入小米椒片，小火煸炒至小米椒片颜色鲜红。

7. 加入蒸鱼豉油（或鲜味酱油），继续小火煮至冒泡。

8. 将芦笋摆盘，趁热浇上烧好的豉油汁，即可。

【美味小贴士】

1. 芦笋是很鲜嫩的蔬菜，有筒子说吃起来有"渣"，是因为根部老茎的外皮比较粗老，只要把这层外皮削掉就解决了。

2. 氽烫芦笋时掌握宽水、大火、快氽，水中加盐、出锅后过凉，都是为了保持芦笋的鲜绿和脆嫩。

3. 浇汁时，也可以将酱油直接浇在芦笋上，再浇上热油。如果酱油在热油中煮滚再浇汁，会更出味儿，不妨一试。

【营养价值】

芦笋含有多种人体必需的大量元素和微量元素。大量元素如钙、磷、钾、铁的含量都很高；微量元素如锌、铜、锰、硒、铬等成分，全而且比例适当，这些元素对癌症及心脏病的防治有重要作用，营养学家和素食界人士均认为它是健康食品和全面的抗癌食品。

芦笋味道鲜美，吃起来清爽可口，能增进食欲，帮助消化，是一种高档而名贵的绿色食品。经常食用芦笋对、高血压、疲劳症、水肿、肥胖等病症有一定的疗效。

1. 芦笋所含蛋白质、碳水化合物、多种维生素和微量元素的质量均优于普通蔬菜，而热量含量较低。

2. 芦笋中含有适量的维生素 B_1、维生素 B_2、维生素 B_3，绿色的主茎比白色的含有更多的维生素 A，有限钠饮食的人应该避免食用罐装芦笋，因其含有大量的钠。

3. 芦笋中还含有较多的天门冬酰胺、天门冬氨酸及其他多种甾体皂甙

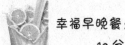

物质。天门冬酰氨酶是治疗白血病的药物。

4. 芦笋中含有丰富的抗癌元素之王——硒，阻止癌细胞分裂与生长，抑制致癌物的活力并加速解毒，甚至使癌细胞发生逆转，刺激机体免疫功能，促进抗体的形成，提高对癌的抵抗力；加之所含叶酸、核酸的强化作用，能有效地控制癌细胞的生长。芦笋对膀胱癌、肺癌、皮肤癌等有特殊疗效，并且几乎对所有的癌症都有一定的疗效。

5. 对于易上火、患有高血压的人群来说，芦笋能清热利尿，多食好处极多。

6. 对于怀孕的产妇来说，芦笋叶酸含量较多，经常食用芦笋有助于胎儿大脑发育。

7. 经常食用可消除疲劳，降低血压，改善心血管功能，增进食欲，提高机体代谢能力，提高免疫力，是一种高营养的保健蔬菜。

【饮食宜忌】

● 高血压病、高脂血症、癌症、动脉硬化患者宜食用。

● 体质虚弱、气血不足、营养不良、贫血、肥胖和习惯性便秘者及肝功能不全、肾炎水肿、尿路结石者的首选。

● 患有痛风者不宜多食。

香煎菠菜饭团

经常吃菠菜好处多多，菠菜含有丰富维生素 C、胡萝卜素、蛋白质，以及铁、钙、磷等矿物质。

【食材用料】

培根、米饭、菠菜、海苔、熟芝麻

【饮食做法】

1. 米饭焖好备用，菠菜择洗干净，焯水后捞出沥水，切碎。

2. 海苔用剪刀剪碎，取一个干净的料理盆，放入熟米饭、海苔碎、菠菜碎、熟芝麻拌匀。

3. 取一条培根对半剪开，取一小团米饭用力捏成椭圆形的长条状，捏好的饭团放在培根的一端，卷起，最后收口处用牙签固定好，平底锅抹油，用小火煎至培根微黄，用筷子轻轻翻转至煎完每一面即可出锅。

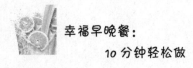
【美味小贴士】

1. 焖米饭时如果用鸡汤味道会更香一些，如果没有就用清水代替。

2. 饭团一定要用力捏紧，不然煎的时候容易松散，如果有饭团模具的话会更方便些，用来固定的牙签不需要太长，三分之一就可以了。

3. 煎的时候最好是用平底不粘锅，轻轻抹一层薄油就可以了，或者不抹也可以，因为培根煎过之后也会出油。煎的时候用筷子轻轻翻转，不然饭团很容易散开。

【营养价值】

菠菜味甘、性凉，入大肠、胃经，可补血止血，利五脏，通肠胃，调中气，活血脉，止渴润肠，敛阴润燥，滋阴平肝，助消化。

【饮食宜忌】

• 菠菜烹熟后软滑易消化，特别适合老、幼、病、弱者食用。电脑工作者、爱美的人也应常食菠菜。

• 糖尿病人（尤其 2 型糖尿病人）经常吃些菠菜有利于血糖保持稳定。

• 同时菠菜还适宜高血压、便秘、贫血、坏血病患者、皮肤粗糙者、过敏者。

• 不适宜肾炎患者、肾结石患者。菠菜草酸含量较高，一次食用不宜过多。

• 另外脾虚便溏者不宜多食。

• 肾炎、肾结石患者、胃肠虚汗、腹泻者忌食。

• 菠菜不能与黄瓜同吃，黄瓜含有维生素 C 分解酶，而菠菜含有丰富的维生素C，所以二者不宜同食。

● 菠菜不宜与牛奶等钙质含量高的食物同食。

● 菠菜不能和豆腐在一起吃：因为菠菜中含有大量的草酸，而豆腐则含有钙离子，一旦菠菜和豆腐里的钙质一结合，就会引起结石，还影响钙的吸收。如果一定要吃的话，就把菠菜用开水烫一下就可以了。

● 菠菜不宜炒猪肝：猪肝中含有丰富的铜、铁等金属元素物质，一旦与含维生素C较高的菠菜结合，金属离子很容易使维生素C氧化而失去本身的营养价值。动物肝类、蛋黄、大豆中均含有丰富的铁质，不宜与含草酸多的苋菜、菠菜同吃。因为纤维素与草酸均会影响人体对上述食物中铁的吸收。

● 菠菜不能与黄豆同吃。若与黄豆同吃，会对铜的释放量产生抑制作用，导致铜代谢不畅。

● 菠菜不能与钙片同吃。菠菜富含草酸，草酸根离子在肠道内与钙结合易形成草酸钙沉淀，不仅阻碍人体对钙的吸收，而且还容易形成结石。所以菠菜食用前要先在沸水中焯一下。小孩及中老年人在服用钙片前后2小时内应尽量避免食用菠菜、青椒、香菜等含草酸较多的食物。

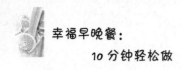

延缓衰老的鸡肉香菇粥

如果去港式茶餐厅吃饭，除了大名鼎鼎的虾饺皇、蒸小排、烧鸭、卤水拼盘之外，必点的还有各式营养粥——鱼片粥、蟹肉粥、排骨粥、鸡肉香菇粥。

【食材用料】

鸡腿 2 个、大米 1 小碗、鲜香菇 3 个、生菜 3 片、香葱 1 根、姜 3 片、盐、白胡椒粉、料酒、色拉油适量

【饮食做法】

1. 鸡腿清净剁小块反复用水冲洗揉捏出血水，控干调入适量料酒、盐、白胡椒粉、色拉油腌制入味。

2. 香菇切片，生菜切丝备用。

3. 洗净的大米中加一勺色拉油和少许盐拌匀腌制 30 分钟。（这是为了煮粥时米能更快速开花）

4. 腌好的大米放锅中煮开后转小火保持沸腾状态约 20 分钟，煮至大米开花。（水要一次性加够）

5. 将腌好的鸡肉控干料酒汁后加入锅中同煮。

6. 继续维持小火沸腾状态煮约 20 分钟加入香菇片。

7. 再煮 5～10 分钟，至粥黏稠时将生菜丝加入，依口味调入适量盐和胡椒粉。

8. 搅拌均匀，撒香葱碎即可出锅。

【美味小贴士】

1. 大米事先用油和盐腌制 30 分钟，是为了让米下锅后能快速开花，而且这样煮出的粥味道更香滑。

2. 煮粥的水最好一次加足，如最终水不足再另外加水的话，粥的黏度会受影响口感也不好。

3. 用肉鸡或三黄鸡会比较好，肉嫩好熟。

4. 鸡肉腌制的时间长一些，肉会更入味，也更好吃。

【营养价值】

1. 提高机体免疫功能。香菇多糖可提高小鼠腹腔巨噬细胞的吞噬功能，还可促进 T 淋巴细胞的产生，并提高 T 淋巴细胞的杀伤活性。

2. 延缓衰老。香菇的水提取物对过氧化氢有清除作用，对体内的过氧化氢有一定的消除作用。

3. 防癌抗癌。香菇菌盖部分含有双链结构的核糖核酸，进入人体后，会产生具有抗癌作用的干扰素。

4. 降血压、降血脂、降胆固醇。香菇中含有嘌呤、胆碱、酪氨酸、氧化酶以及某些核酸物质，能起到降血压、降胆固醇、降血脂的作用，又可预防动脉硬化、肝硬化等疾病。

5. 香菇还对糖尿病、肺结核、传染性肝炎、神经炎等起治疗作用，又可用于消化不良、便秘等。

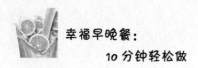
外焦内软的椒盐虾

椒盐虾是一道色香味俱全的汉族名肴，属于粤菜系，主料是虾。

【食材用料】

大虾 200 克（约 10 只）、海盐 120 克、花椒 7 克、干辣椒 3 根、干淀粉适量、油适量

【饮食做法】

1. 剪掉虾枪（虾头上面的位置）、虾须和虾脚，剔掉虾线。

2. 用纸巾吸干水分，放置一干净盘中。

3. 倒入适量干淀粉（以全部裹住虾为宜）。

4. 取一只小锅，倒入适量油（油量以能浸入虾为宜），将虾炸至酥脆并用纸巾吸干多余油分。

5. 炒锅中小火倒入全部海盐，炒至烫手，期间注意海盐不要焦煳，否则菜就偏苦了，待海盐微微泛黄后，倒入花椒和辣椒再炒约 3 分钟后，倒入大虾。

6. 略翻炒后，关火，盖上盖子焖 20 分钟即可盛出。

【美味小贴士】

1. 炸虾的过程中，虾内的水分一定要用纸巾吸干净，不然下锅炸时，油容易到处溅。

2. 虾的选择只要不是个头特别大的就可以，大个头的虾不好入味。购买虾时应该注意的事项。

（1）看外形。

新鲜的虾头尾完整，头尾与身体紧密相连，虾身较挺，有一定的弯曲度。不新鲜的虾，头与体，壳与肉相连松懈，头尾易脱落或分离，不能保持其原有的弯曲度。

（2）看色泽。

新鲜虾皮壳发亮，河虾呈青绿色，对虾呈青白色（雌虾）或蛋黄色（雄虾）。不新鲜的虾，皮壳发暗，虾原色变为红色或灰紫色。

（3）看肉质。

新鲜的虾，肉质坚实、细嫩，手触摸时感觉硬，有弹性。不新鲜的虾，肉质松软，弹性差。

（4）闻气味。

新鲜虾气味正常，无异味，若有异臭味则为变质虾。

【营养价值】

海虾营养丰富，其肉质松软，易消化，对身体虚弱以及病后需要调养的人是极好的食物；虾中含有丰富的镁，能很好地保护心血管系统，它可减少血液中胆固醇含量，防止动脉硬化，同时还能扩张冠状动脉，有利于预防高血压及心肌梗死；虾肉还有补肾壮阳，通乳抗毒、养血固精、化瘀解毒、益气滋阳、通络止痛、开胃化痰等功效。

【饮食宜忌】

- 严禁同时服用大量维生素 C，否则，可生成三价砷，有致死的风险。

- 虾不宜与猪肉同食，损精。

- 忌与狗肉、鸡肉、獐肉、鹿肉、南瓜同食。

- 糖、果汁与虾相克，同食会腹泻。

强健血管的干锅鸡翅根

鸡翅有温中益气、补精添髓、强腰健胃等功效。

【食材用料】

鸡翅根、植物油、盐、辣皮子、花椒粒、麻椒粒、胡椒粒、葱姜、老抽、生抽、料酒、洋葱、辣妹子

【饮食做法】

1. 把葱、姜，大蒜洗净切片，辣皮子切段，洋葱切块，把鸡翅根洗净，鸡翅根加葱姜、老抽、盐拌均匀腌制 30 分钟以上。

2. 热锅凉油，油热 7 成，下鸡翅根翻炒香味出水分，把料酒烹在鸡翅根上面，下花椒粒、麻椒粒、胡椒粒、辣皮子、葱、姜、大蒜翻炒出香味，加老抽、生抽、辣妹子翻炒一会上色。

3. 加洋葱块一起翻炒均匀，加水，加盖，中小火焖一会，焖到鸡翅根熟透即可，装干锅用酒精炉或者电热锅煮着吃。

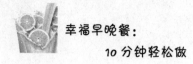
【美味小贴士】

腌制鸡翅根最好腌制的时间久一些好入味，没有辣妹子的可加豆瓣酱，味道也不错的。

【营养价值】

鸡翅含有可强健血管的成胶原及弹性蛋白等，对于血管、皮肤及内脏颇具效果。鸡翅膀内所含大量的维生素 A，远超过青椒，对视力及骨骼的发育、精子的生成和胎儿的生长发育都是必需的。

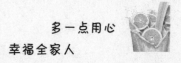
清脆爽口的山椒泡竹笋

竹子初从土里长出的嫩芽，味鲜美，可以做菜，也叫"竹笋"。竹为禾本科多年生木质化植物，食用部分为初生、嫩肥、短壮的芽或鞭。

【食材用料】

新鲜竹笋、泡山椒、花椒、八角、白醋、冰糖、盐、芹菜杆儿、胡萝卜丝

【饮食做法】

1. 新鲜竹笋对半切，扭一下去掉笋衣。笋芯儿切薄片，加花椒若干和八角一颗一同煮，这样可以去掉涩味，煮好后捞起笋片、花椒、八角，立刻冲冷水。

2. 泡山椒若干，泡椒水加白醋，冰糖，少许盐调味，可以根据自己口味加冷开水稀释泡椒水调味。

3. 加入笋片，胡萝卜切丝，芹菜杆儿切段加入泡椒水，水必须没过食材，花椒和八角也可以一起泡入。

4. 食材放冰箱腌制至少 4 小时入味，过后即可食用。

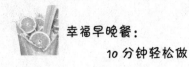
【美味小贴士】

1. 一定要用新鲜竹笋，冬笋春笋都行，冷冻的或者罐头类的没有新鲜笋爽脆。

2. 白醋里加点鲜榨柠檬汁会更香。

3. 特别爱吃辣的，泡椒可以划开让辣味进入泡椒水，吃辣稍逊的，山椒可以不用切开。

4. 加入冰糖，酸里有甜味也能缓冲酸味。

5. 芹菜杆儿和胡萝卜丝可加可不加，加了会更香，也可以加点莴笋片或者莴笋丝，一起泡着吃，很脆很好吃。

益气血、强筋骨的金竹笋炒牛肉

春笋味道清淡鲜嫩，含有丰富的植物蛋白以及钙、磷、铁等人体必需的营养成分和微量元素，特别是纤维素含量很高，常食能促进消化。

【食材用料】

金竹笋500克、牛肉200克、指天椒3个、姜适量、大蒜3瓣、料酒15毫升、生抽5毫升、蚝油15毫升、淀粉2克、油适量

【饮食做法】

1. 金竹笋剥去皮洗净，用刀拍破切成长段，烧开锅中的水，放入竹笋汆烫2分钟，捞出放入清水中浸泡至少1天，期间需更换几次清水。

2. 牛肉洗净切片，用少许料酒、生抽、淀粉拌匀后腌制片刻，指天椒、大蒜和姜切碎。

3. 炒锅不用放油，烧热后放入金竹笋用中火翻炒一下，将竹笋的水分焙干后盛出。

4. 炒锅倒入油烧热，下姜蒜末和指天椒末爆香，放入牛肉滑炒断生，放入金竹笋翻炒，烹入料酒、蚝油和盐翻炒均匀即可。

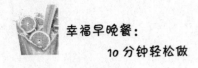

【美味小贴士】

金竹笋在烧煮前要先放在沸水中汆一下，大部分的草酸盐和涩味就能够去掉，有利于人体的消化和吸收，口感也好。

【营养价值】

竹笋、牛肉都是高蛋白食品，还含有钙、铁及维生素 B_1、维生素 B_2 等。牛肉具有补脾胃、益气血、强筋骨的功效。

【饮食宜忌】

● 笋是寒性食物，含较多的粗纤维，促使胃肠蠕动加快，有消化道疾病和体寒者慎吃。

● 竹笋含有难溶性草酸盐，尿道、肾、胆结石患者也不宜常吃竹笋，因为草酸盐易与其他食物中的钙结合形成难以溶解的草酸钙，从而加重病情。

● 竹笋富含纤维素，具有消食和中，益气开胃的功效，尤其适合于体弱，食欲不振，消化不良的妇女。

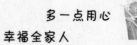

保护肝脏的香葱猪肝焖饭

肝脏是生命之源，按中医理论，肝属五行之木，春木旺，肝主事，因此春季护肝尤为重要。在春天要尽量忌吃油腻、生冷、黏硬食物，以免伤及肝脾。

【食材用料】

猪肝 250 克、洋葱 1 个、香葱 1 小把、朝天椒 3 个、生抽 20 毫升、黄酒 10 毫升、蚝油 5 毫升、白砂糖 5 克、姜末适量、干淀粉适量、白醋 10 毫升

【饮食做法】

1. 大米淘洗干净，加入适量水浸泡 30 分钟，再将米饭焖至八成熟。

2. 猪肝洗净，切成厚 0.2 厘米的薄片，用加入白醋的清水浸泡 1 小时左右。

3. 洋葱切丝，香葱切成葱花，朝天椒切成段备用。

4. 猪肝放入碗中，加入生抽、黄酒、蚝油、姜末、干淀粉、白砂糖拌匀腌 20 分钟。

5. 锅中加油，烧热，放入洋葱丝，煸炒出香味。

6. 倒入腌好的猪肝翻炒至 8 成熟。

7. 在米饭上铺上炒好的洋葱和猪肝，洒上香葱粒和朝天椒段，加盖焖 15 分钟即可。

【美味小贴士】

猪肝含有多种营养物质，它富含维生素 A 和微量元素铁、锌、铜，而且鲜嫩可口，但猪肝食前要去毒。

猪肝是猪体内最大的毒物中转站解毒器官，各种有毒的代谢产物和混入食料中的某些有毒物质如农药等，都会聚集在肝脏中，并被它解毒、排泄，或经它化学加工后运送至肾脏，从小便中排出。肝脏还会产生炎症，甚至肝癌。此外，还可能有肝寄生虫等疾病。

倘若肝脏的各类毒性物质未能排净，或解毒功能下降，那么有毒物质就会残留在肝脏的血液中，它可能诱发癌症、白血病与其他疾病。

由于猪肝中有毒的血液是分散存留在数以万计的肝血窦中，因此，买回猪肝后要在自来水龙头下冲洗一下，然后置于盆内浸泡 1～2 小时消除残血。注意水要完全浸没猪肝。若猪肝急于烹饪，则可视其大小切成 4～6 块，放置盆中轻轻抓洗一下，然后盛入盆中，并在自来水下冲洗干净即可。

另外，炒猪肝不要一味求嫩，否则，既不能有效去毒，又不能杀死病菌、寄生虫卵。

【营养价值】

补肝明目，养血，适用于血虚萎黄、夜盲、目赤、浮肿、脚气等症。

【饮食宜忌】

● 适宜气血虚弱，面色萎黄，缺铁性贫血者食用。

● 适宜肝血不足所致的视物模糊不清，夜盲、眼干燥症，小儿麻疹，病后角膜软化症等眼病者食用。

● 适宜癌症患者放疗、化疗后食用。

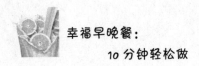

润滑肌肤的香椿鸡蛋饼

香椿被称为"树上蔬菜"，是香
椿树的嫩芽。每年春天开始发芽，香
椿叶厚芽嫩，绿叶红边，犹如玛瑙、
翡翠，香味浓郁，营养之丰富远高于
其他蔬菜。

【食材】

1 把香椿、鸡蛋 2 个、盐 1 茶匙、香油适量、植物油适量

【饮食做法】

1. 香椿切碎。

2. 在香椿里打入 2 个鸡蛋和 1 茶匙的盐。

3. 用筷子搅拌均匀。

4. 锅中倒入少许植物油，倒入香椿鸡蛋糊。

5. 小火煎至两面呈金黄色。

【营养价值】

中国是世界上唯一把香椿当作蔬菜的国家，民间食用香椿，据说从汉
代起就开始了。中医认为，香椿味苦性寒，有清热解毒、健胃理气、杀虫

固精等功效。此外，香椿中还富含维生素 C、优质蛋白质和磷、铁等矿物质，是蔬菜中不可多得的珍品。香椿的吃法也很多，可炒食、腌制，也可作调味用，如小炒香椿芽、凉拌香椿芽、香椿芽拌冷面等等，都别有风味。

香椿中含维生素 E 和性激素物质，具有抗衰老和补阳滋阴作用，对不孕不育症有一定疗效。同时，香椿中含有香椿素等挥发性芳香族有机物，可健脾开胃，增加食欲。它具有清热利湿、利尿解毒的功效，是辅助治疗肠炎、痢疾、泌尿系统感染的良药。

香椿的挥发气味能透过蛔虫的表皮，使蛔虫不能附着在肠壁上而被排出体外，可用治蛔虫病。香椿含有丰富的维生素 C、胡萝卜素等，有助于增强机体免疫功能，并有润滑肌肤的作用，是保健美容的良好食品。

【饮食宜忌】

鸡蛋不宜与糖同煮；与糖精、红糖同食会中毒；与鹅肉同食损伤脾胃；与兔肉、柿子同食导致腹泻；同时不宜与甲鱼、鲤鱼、豆浆、茶同食。

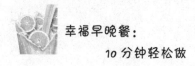
尖椒木耳炒鸡蛋

黑木耳含有丰富的蛋白质，其蛋白质含量堪比动物食品，因此有"素中之荤"的美誉。

【食材用料】

尖椒、干黑木耳、鸡蛋，植物油、盐、香葱、白糖

【饮食做法】

1. 把干木耳用温水泡，洗净去蒂，尖椒洗净切斜段、香葱洗净切末。

2. 鸡蛋打散加少许白糖搅拌均匀，热锅凉油，油烧至 8 成热时下鸡蛋煎到成块状捞起。

3. 锅里留底油，下尖椒、木耳翻炒，加盐翻炒 2 分钟。

4. 加鸡蛋、香葱翻炒均匀即可。

【美味小贴士】

1. 炒鸡蛋时加入少量的砂糖，会使蛋白质变性的凝固温度上升，从而延缓了加热时间。

2. 砂糖具有保水性，因而可使蛋制品变得膨松柔软。

3. 鸡蛋最后加，因为鸡蛋很吸盐，这样鸡蛋不会太咸。

【营养价值】

黑木耳含有丰富的蛋白质，其蛋白质含量堪比动物食品，因此有"素中之荤"的美誉；此外黑木耳中维生素 E 含量非常高，是美白肌肤的佳品；最重要的是含铁量最高，黑木耳的含铁量的是菠菜的 20 多倍，猪肝的 7 倍多，因此黑木耳是养颜补血，预防缺铁性贫血的优质食物来源。木耳中的胶质可把残留在人体消化系统内的灰尘、杂质吸附集中起来排出体外，从而起到清胃涤肠的作用。

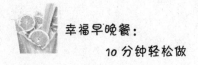
土豆丝五彩蛋饼

土豆丝五彩蛋饼的制作方法方便省时，简单却不失美味，吃时再蘸点自己喜欢的酱，那就更完美了。

【食材用料】

鸡蛋 2 个，土豆 1 个（约 200 克），菠菜 3 根，胡萝卜 1/3 个，青豆小半把，玉米粒小半把，火腿 6 片，盐一小撮，花椒面一小撮（不喜欢的可以不放）、鸡精适量

【饮食做法】

1. 土豆丝擦最细的丝。一定要擦，不要切（切记不要用水冲擦好的土豆丝）。

2. 擦好的土豆丝放入大碗里，放入盐、花椒面儿、鸡精，并打入一个鸡蛋，用筷子搅拌均匀。

3. 取另一小碗，再打入一个鸡蛋备用。

4. 菠菜切段，胡萝卜切丁备用。

5. 底子较厚的平底锅，中火烧热后，刷一层油。

5. 把第2步中做好的土豆丝蛋液倒入锅中，并用锅铲铺平，转中小火，一定火要小。

6. 快速把菠菜、胡萝卜、青豆、玉米粒和火腿铺平在土豆丝蛋液上。

7. 把过程3中打好的鸡蛋液缓慢地倒在铺好食材的土豆饼上。

8. 盖上锅盖，利用水蒸气慢慢把蛋液和食材凝固。

9. 待5~8分钟，打开锅盖，用薄一些的铲子慢慢铲动饼的边缘，确定一定凝固好了。

10. 慢慢抖动锅，把土豆丝蛋饼滑落到盘子里，切块。

【美味小贴士】

1. 土豆一定要擦丝，且擦最细的丝，本身的淀粉才会更丰富。因为没有加面粉，全部利用土豆丝本身的淀粉来成型的。擦好的丝也不能用水冲。

2. 在饼上放的蔬菜可以根据自己喜好的食材随意选择。

3. 平底锅要选择质量好一些的，底子厚一点的相对受热要均匀很多。否则煎那么久，饼底必然已经糊了，即使是再小的火也不例外。

4. 一定要盖上锅盖，因为饼不翻面，所以就要利用水蒸气把饼的表面凝固。

5. 如果摊饼不太熟练的话，建议用小一点的锅，这样好操作，可以分次多做几个小的。

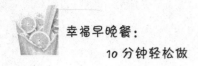
清脆可口的荸荠炒肉片

荸荠又名马蹄，肉质洁白，味甜多汁，清脆可口，自古有地下雪梨的美誉，北方人视为江南人参。荸荠既可作为水果，又可算作蔬菜。

【食材用料】

荸荠 6 个、里脊肉一小块、美人椒 4 个、红椒半个、香葱 1 棵、姜适量、酱油 2 茶匙、盐少许、鸡精少许、淀粉 1 茶匙、料酒 2 茶匙、白胡椒少许

【饮食做法】

1. 里脊肉切片，荸荠切片，辣椒切圈。

2. 肉片加入酱油，淀粉，料酒，白胡椒。

3. 抓匀，腌制 10 分钟。

4. 荸荠在滚水里焯至断生。

5. 另起锅倒入肉片翻炒。

6. 再倒入青红椒翻炒。

7. 倒入肉片。

8. 倒入荸荠。

9. 翻炒均匀后加入酱油，盐，鸡精调味。

10. 最后在翻炒下出锅。

【营养价值】

荸荠中含的磷是根茎类蔬菜中较高的，能促进人体生长发育和维持生理功能的需要，对牙齿骨骼的发育有很大好处，同时可促进体内的糖、脂肪、蛋白质三大物质的代谢，调节酸碱平衡，因此荸荠适于儿童食用。

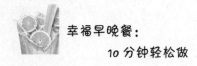

酸甜可口的菠萝咕咾肉

酸甜可口的菠萝，配上炸得酥香
诱人的肉球球，再用番茄酱与糖调成
的酸甜汁裹上一圈，最后用青红椒来
点缀色相，色香味俱全！

【食材用料】

瘦肉、菠萝、青椒、红椒、鸡蛋、淀粉番茄酱、酸甜酱、糖、生抽、
番茄酱

【饮食做法】

1. 瘦肉切成薄片，用盐、料酒抓均腌 20 分钟左右；菠萝、青红椒切
成小块备用。

2. 鸡蛋打散成蛋液，淀粉放在小盘里备用，取一片腌好的肉在蛋液里
滚一下。

3. 再裹上一层淀粉，入油锅中火炸至微黄捞出，大火复炸至金黄捞出
沥油备用。

4. 锅内放油烧热，加入糖炒化，烹入番茄酱及少午生抽炒均成酸甜酱汁，接着倒入炸好的肉及所有材料。

5. 翻炒至菠萝、肉、青红椒均匀裹上酱汁，出锅装盘即可。

【营养价值】

菠萝又叫凤梨，菠萝含有大量的果糖，葡萄糖，维生素 A、B、C，磷，柠檬酸和蛋白酶等物。味甘性温，具有解暑止渴、消食止泻的功效。菠萝也是非常好的减肥、健康水果。菠萝果实中含有菠萝蛋白酶，有助消化蛋白质、治疗支气管炎，利尿等功效，并对预防血管硬化及冠状动脉性心脏病有一定的作用。新鲜菠萝食用时，先放在淡盐水中浸泡，味道会更甜。

【美味小贴士】

除了做咕噜肉之外，菠萝还能当成器皿，做成菠萝饭。

菠萝也能用罐头菠萝来做，口感稍微甜一些，但不会涩口，因此白糖的用量要稍微减少，或者白醋多放一些。新鲜菠萝在入菜或者直接食用之前，最好用淡盐水浸泡20分钟，以防破坏菠萝蛋白酶。

菜最后炒的过程一定要迅速，肉片出锅后应该保持酥脆的口感，所以调味汁一定要提前尝好味道才能勾芡放肉片，如果把材料放进锅一样样添加调料的话，肉片就容易回软。

选用肥瘦均匀的肉来做，肉片经过复炸之后，会失去一定水分，如果用全瘦肉来做的话，很容易就会发柴了。

【饮食宜忌】

● 患有牙周炎、胃溃疡、口腔黏膜溃疡的患者要慎食菠萝。

● 胃病患者不宜多吃，易引起过敏。过敏反应一般是在食用菠萝后15

分钟到 1 小时左右急骤发病，出现腹痛、腹泻、呕吐或者头痛、头昏、皮肤潮红、全身发痒、四肢及口舌发麻等症状，甚至还会出现呼吸困难、休克等一系列过敏症状反应，人们习惯称这种过敏反应为"菠萝中毒"或"菠萝病"。

- 高血压病、高脂血症、冠心病、肥胖症、糖尿病患者均不宜食用。

增强体质的藕块筒骨汤

筒骨就是中间有洞，可以容纳骨髓的大骨头。比较好的筒骨，应该是后腿的腿骨，因为这里的骨头比较粗。

【食材用料】

藕1节、筒骨500克，生姜、盐、蔬之鲜、醋各适量

【制作过程】

1. 把筒骨剁块，将剁好的筒骨、生姜片和适量清水放入锅中焯水。

2. 将藕去皮切成滚刀块。

3. 焯水后的筒骨盛到碗中备用。

4. 将焯水后的筒骨和藕块，加适量的清水在锅中煮。

5. 大火煮开后，放入少许的醋。

6. 转小火炖1小时左右，放入适量的盐。

7. 加入适量的蔬之鲜，一分钟后关火，就可以出锅了。

151

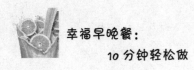
【美味小贴士】

1. 烧筒骨汤一定要放适量的醋，这样才能让骨头中的钙释放出来，有利于人体吸收。

2. 筒骨不要焯水太长时间，避免筒骨中的骨髓也烧出来。

【营养价值】

骨中的骨髓含有很多骨胶原，除了可以美容，还可以促进伤口愈合，增强体质。

补充胶原蛋白的大葱拌牛筋

牛筋晶莹剔透、爽弹不腻，搭配着大葱，味道极好。而且营养价值高，对皮肤好，也不会增加肠胃负担。

【食材用料】

卤牛蹄筋、大葱、香油、酱油、盐

【饮食做法】

1. 牛蹄筋切细条。

2. 大葱切丝。

3. 将牛蹄筋、大葱装盘并加入少许香油。

4. 倒入适量酱油。

5. 倒入适量盐调味。

6. 将卤牛筋的汁浇入盘中，拌匀即可。

【美味小贴士】

1. 用现成卤好的牛蹄筋，也可以用生牛筋，辅以盐、酱油、姜、八角、桂皮、料酒等调味品卤制。卤制不可过烂，也不要太硬，否则难嚼难消化。

2. 重要的一步是，要将卤牛筋汁浇入拌好的菜中，这样可以提味、提鲜。

3. 事先卤好放入冰箱冰冻的牛筋，最好回锅添水煮一煮。

4. 卤牛筋本身带有咸味，盐和酱油要少放。

5. 使用大葱，而不是细长的小香葱，葱白和葱叶都适量放一些，增加不同的风味。

6. 不要放香菜、辣椒等辛辣食材，这样会掩盖大葱本身的味道，也体现不出牛筋的味道。

【营养价值】

1. 蹄筋中含丰富的胶原蛋白，脂肪含量也比肥肉低，并且不含胆固醇，能增强细胞生理代谢，使皮肤更富有弹性和韧性，延缓皮肤的衰老。

2. 具有强筋壮骨的功效，对腰膝酸软、身体瘦弱者有很好的食疗作用，有助于青少年生长发育和减缓中老年妇女骨质疏松。

营养丰富的香菇培根花边比萨

比萨（Pizza）又译作披萨饼、匹萨，是一种发源于意大利的食品，在全球颇受欢迎。比萨饼的通常做法是用发酵的圆面饼上面覆盖番茄酱，奶酪和其他配料，并由烤炉烤制而成。

【食材用料】

高筋面粉 120 克、水 75 克、酵母 2 毫升、盐 2 毫升、糖 4 克、橄榄油 10 毫升、香菇 2 朵、培根 2 大片、细火腿肠 4 根、马苏里拉适量

【饮食做法】

1. 面包桶里放入高粉、水、酵母、糖、盐、橄榄油。

2. 揉成面团，揉到面团表面光滑有弹性。

3. 将面团发酵至 2 倍大。

4. 案板上撒些面粉，取出发酵好的面团排气，擀成比比萨盘大一圈的饼皮（要卷火腿肠，所以要比比萨盘大）。

5. 把饼皮放入烤盘内，在周围摆上细火腿肠。

6. 把火腿肠包起来，接口处捏紧。

7. 用剪刀把包好的火腿肠剪成若干个小节，每个小节扭转 90 度，使火腿肠的截面朝上就成花边了，用叉子在饼皮表面扎些小孔。

8. 饼皮表面涂抹些比萨酱。

9. 均匀的摆上香菇片和培根（香菇提前煎过防止烤的时候香菇出水，培根提前煎过更香口感好）。

10. 表面撒上一半马苏里拉。

11. 放入烤箱中层烘烤，温度在 200℃，烤 15 分钟左右。

12. 中途烤 10 分钟时取出，在表面撒上另一半马苏里拉，继续烘烤 5 分钟，烘烤结束取出。

【美味小贴士】

1. 火腿肠尽量选用细一点的，卷的时候要把接口处捏紧。

2. 香菇提前煎过防止烤的时候香菇出水，培根提前煎过会更香而且口感好。

健胃消食的酸辣疙瘩汤

在滚烫的汤和酸辣的味道之间，小面疙瘩和各种蔬菜丁都极具口感。

【食材用料】

面粉、西红柿、羊肉、胡萝卜、土豆、植物油、盐、番茄酱、香醋、胡椒粉、鸡精、葱、姜、辣皮子、香菜、水发木耳

【饮食做法】

1. 把面粉放在大碗里，慢慢地加水，用筷子不停地拌均匀，成干干的小疙瘩。

2. 把葱、姜洗净切末、辣皮子切末，胡萝卜切小丁，木耳洗净切小丁，羊肉切小丁，大蒜切末，土豆去皮洗净切小丁，西红柿切小丁。

3. 热锅凉油加葱姜、辣皮子炒出香味，加羊肉丁翻炒均匀，下胡萝卜、土豆丁、木耳翻炒出香味，加西红柿、番茄酱、加盐翻炒出红油。

4. 加水大火烧开，转中小火，让水保持沸腾，把搅拌好的面絮一点点地倒进去，左手端面碗，右手拿筷子一边搅拌一边往锅里撒。

5. 煮 2 分钟后，加大蒜、胡椒粉、鸡精、关火，加香醋拌均匀即可。

【美味小贴士】

疙瘩汤的各种材料可以根据个人口味变换，还可以加入火腿丁，瘦肉丁，或者打进一个鸡蛋，打成蛋花。还可以放进一些海鲜材料，做成海鲜疙瘩汤也挺不错。

【营养价值】

西红柿性甘、酸、微寒，具有生津止渴，健胃消食，清热解毒，凉血平肝，补血养血和增进食欲的功效，可治口渴，食欲不振。

清脆利口的豌豆火腿丁

豌豆的豆荚，豆子，豆苗均可入菜，且营养价值非常丰富。豌豆豆荚炒食后颜色翠绿，豆苗也同样鲜嫩清香，适宜做汤。

【食材用料】

新鲜豌豆、火腿丁、姜蒜

【饮食做法】

1. 姜切丝，蒜切片待用。
2. 洗净新鲜豌豆，沥干水备用。
3. 火腿丁切1厘米见方，小块备用。
4. 锅中倒油，放入姜、蒜爆香，下豌豆翻炒至微微变色，撒盐调味。
5. 加入火腿丁翻炒起锅。

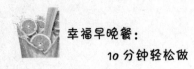
【美味小贴士】

1. 火腿丁可以用里脊丁，午餐肉或者火腿肠代替。

2. 豌豆炒过后会变皱皱的，注意不要炒过头以防失水过多。

【豌豆的营养价值】

豌豆，又称青小豆、荷兰豆等。新鲜豌豆中，每百克含蛋白质 4～11 克，维生素 C 含量为 7～9 毫克。但豌豆苗中维生素 C 含量更高，每百克可达 53 毫克，在所有鲜豆中名列第一。每百克干豌豆含蛋白质 24.6 克，碳水化合物 57 克，少量脂肪及钙、磷、镁、钠、钾、铁等微量元素，其中磷的含量较高，为 400 毫克。此外，它还含有粗纤维、维生素 A、维生素 B_1、维生素 B_2、烟酸等多种维生素。

◆豌豆具有益气和中、利小便、解疮毒、通乳消胀等功效，可治疗脚气病、糖尿病、产后乳少、霍乱吐痢等病症。

◆豌豆富含的维生素 C、胡萝卜素及钾可帮助预防心脏病及多种癌症。

◆豌豆富含的纤维素可预防结肠和直肠癌，并降低胆固醇。

◆新鲜豌豆中还含有分解亚硝酸胺的酶，有防癌、抗癌的作用。

◆新鲜豌豆苗富含胡萝卜素、维生素 C，能使皮肤柔腻润泽，并能抑制黑色素的形成，有美容功效。

唇齿留香的冬笋焖小排

冬笋又脆又嫩，除了自身的清香，加入排骨，饱饱地吸入肉汁的香味，可谓是唇齿留香。

【食材用料】

新鲜冬笋、小排、姜片、大干贝、冰糖、酱油、料酒

【饮食做法】

1. 冬笋切去老根，对半切，稍微扭一下笋壳，笋心儿就轻松剥离出来。

2. 将冬笋切几瓣儿洗净，水煮几分钟后便可去掉涩味，捞起沥水。

3. 将小排切粒洗净沥干水，在油锅中放入冰糖，待冰糖烧化到起小泡，在下入排骨粒上糖色。

4. 将排骨煎到两面金红色，加入姜片，煸炒几下，倒入酱油，料酒，水烧开。

5. 倒入冬笋块翻炒到冬笋颜色均匀，盖上锅盖，改小火焖到水分收干起锅。

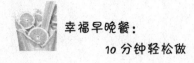
【美味小贴士】

1. 笋开始要煮一下去涩再用。

2. 烧小排是常规做法，没什么特别神秘的。只是小排很容易熟，笋不容易烧入味，所以加好酱油料酒后要加笋跟排骨一起焖。如果笋加晚了，笋就不容易进味，再和排骨一起焖烂就会失去好口感。

【营养价值】

每年一二月份，是吃冬笋的好时候。中医指出，和春笋、夏笋相比，冬笋品质最佳，营养最高。

冬笋含有丰富的胡萝卜素、维生素 B_1 和 B_2、维生素 C 等营养成分。其所含的蛋白质中，至少有 16～18 种不同的氨基酸。食用冬笋能帮助消化和排泄，起到减肥、预防大肠癌的作用。它还对冠心病、高血压、糖尿病等，有一定的食疗作用。

冬笋吃法有很多，荤素皆宜。由于冬笋含天冬酰胺，配合各种肉类烹饪，会更鲜美。笋尖嫩，爽口清脆，适合与肉同炒。笋衣薄，柔软滑口，适宜与肉同蒸。笋片味甘肉厚，适合与肉炖食。另外，吃时一定要注意。因为冬笋含有草酸，容易和钙结合成草酸钙，所以吃前一定要拿淡盐水煮 5～10 分钟，去除大部分草酸和涩味。

嚼劲十足的芋圆酒酿小丸子

芋圆是风靡台湾的小吃，酒酿小丸子那是众所周知的啦，这道甜品结合了芋圆的弹嚼劲和酒酿特有的甜味，味道和口感让人回味无穷。

【食材用料】

芋艿、紫薯、红心地瓜各 250 克，木薯淀粉每份 125 克，马铃薯淀粉每份 30 克，白糖每份约 30 克，酒酿一小碗，枸杞子约一小把

【饮食做法】

1. 芋艿、紫薯、红心地瓜上蒸锅蒸熟。

2. 将芋艿、紫薯、红心地瓜去皮，压成蓉，趁热加入木薯淀粉、马铃薯淀粉，揉搓成面团备用。

3. 每一种面团取一小块，揉成长条，直径约 1 厘米，切成约 1 厘米长的小段儿，再揉圆。

4. 煮一锅水，开了以后，下芋圆、薯圆，用勺子轻推防止粘锅底。

5. 煮 3~4 分钟，倒入酒酿、枸杞子、糖煮一分钟就可以出锅。

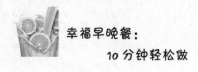
【美味小贴士】

1. 芋芳、紫薯、地瓜本身含有的水分不一样，所以在操作每一份的量不能十分精确，能保证面团光滑不粘手就行。

2. 芋芳、紫薯更粉糯易结块，不容易压成蓉，可以选用料理机打成蓉，非常管用。

3. 面团可以揉搓多几次，吃起来更弹。

4. 一次做多点，吃不完可以放冷冻室保存，下次吃就方便点。

5. 加入甜汤里的糖可依个人口味添加。

【芋圆的其他做法】

芋圆是一道福建地区的著名传统甜点，常见品牌有鲜芋仙芋圆。以芋头蒸熟后压成泥，加上地瓜粉及水拌匀成团，搓揉成长条形再切成小块，放入沸水中煮至浮起捞出即成芋圆。加入地瓜粉较弹，改用太白粉则较软。相似食品还有以绿豆泥代替芋泥的绿豆圆。煮熟的芋圆可和在冰糖水里食用，冬天时也有热食的吃法。在台湾，许多甜点如豆花、刨冰，均可加点芋圆和地瓜圆覆盖其上一起食用。

风味十足的咸蛋蒸肉饼

　　咸蛋蒸肉饼是广东省传统的汉族名点，属于粤菜系。鸭蛋经盐腌一段日子，与猪肉糜拌在一起，蒸成的肉饼具有特别的咸香味。

【食材用料】

　　猪肉 300 克、荸荠（去皮后）80 克、生咸蛋一个、料酒一大勺、香油一大勺、白胡椒半小勺、葱 3 根、拇指大的姜一块、清水 100 毫升

【饮食做法】

　　1. 首先将猪肉切成小块，用菜刀剁肉。

　　2. 在猪肉被剁成较粗的肉末时，将葱切成葱花，生姜磨碎后混入肉末中。留下少许葱花最后装饰用。

　　3. 在肉末中再加入一小撮盐，用菜刀继续剁，直至猪肉完全被剁成肉糜。

　　4. 将肉糜转移到碗中，加入料酒、香油和白胡椒拌匀。

　　5. 将生咸蛋打开，把蛋白加入到肉糜中，蛋黄放在一旁待用。

6. 顺着一个方向搅拌肉糜，至肉糜起胶发黏。

7. 分 2 次加入 100 毫升清水，每次加入清水后都顺着一个方向搅拌，至水分被肉完全吸收。拌好的肉糜放在一旁待用。

8. 将去皮后的荸荠切成碎末，拌入肉糜中。

9. 拌好的肉转移至盘子里，铺平后在中间挖个小坑，将之前留用的咸蛋黄放在小坑里。

10. 放入蒸锅，大火上汽后转中火，蒸 30 分钟左右，至肉饼蒸熟即可。

11. 将咸蛋黄挖出来切碎，再撒到肉饼表面，最后撒上葱花即可上桌。

【美味小贴士】

1. 剁肉时加入一小撮盐可以帮助肉糜起胶，但别加太多，因为后面会往肉中加入咸度很高的咸蛋白。

2. 剁好的肉糜加入调味料后要充分向一个方向搅拌至起胶发黏。

3. 如果用市售的肉糜可以加入一勺生粉，让口感更嫩。手工剁的肉糜我更喜欢保持猪肉本身的口感。

4. 往肉糜中加水要少量多次。

5. 荸荠可以换成山药或梨。

6. 蒸的时间根据肉饼的大小和厚度来调整。

【营养价值】

鸭蛋含有蛋白质、磷脂、维生素 A、维生素 B_2、维生素 B_1、维生素 D、钙、钾、铁、磷等营养物质。

鸭蛋中蛋白质的含量和鸡蛋一样，有强壮身体的作用。

鸭蛋中各种矿物质的总量超过鸡蛋很多，特别是身体中迫切需要的铁和钙在咸鸭蛋中更是丰富，对骨骼发育有善，并能预防贫血。

鸭蛋含有较多的维生素 B_2，是补充 B 族维生素的理想食品之一。

【饮食宜忌】

- 中老年人不宜多食和长久食用。
- 不宜食用未完全煮熟的鸭蛋。
- 服用左旋多巴时不宜食用。
- 服用解热镇痛药氨基比林及索米痛片、克感敏时不宜食用咸鸭蛋。
- 儿童不宜多食蛋白食物。
- 脾阳不足，寒湿下痢，以及食后气滞痞闷者忌食；生病期间暂不宜食用。
- 肾炎病人忌食皮蛋；癌症患者忌食；高血压病、高脂血症、动脉硬化及脂肪肝者亦忌食。
- 鸭蛋不宜与鳖鱼、李子、桑葚同食。

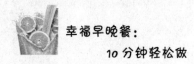
香醇味美的南瓜汤

南瓜汤，属浙江菜菜系，主要以南瓜为主料，辅以洋葱等佐料，通过适当方式制作而成。该汤有不同制作方法，也有和其他食物一起做主料，如红薯、紫菜等。

【食材用料】

南瓜半个、洋葱 1/4 个、红薯 1 个、淡奶油适量

【饮食做法】

1. 将南瓜洗净，切块，放入蒸锅中蒸熟。

2. 把蒸熟的南瓜去皮，放入锅中。

3. 把红薯切丁，放入锅中。

4. 放入刚没南瓜和红薯的清水。

5. 放入切碎的洋葱。

6. 开火煮，煮开后将南瓜红薯放入筛网中，用调羹按压，使南瓜和红薯更加的细腻。

7. 将筛过的南瓜和红薯放入汤锅中，放适量的清水，再倒入适量的淡奶油。

8. 放入适量的白糖，煮开后关火即可食用。

【美味小贴士】

1. 煮熟后的南瓜和红薯最好用筛网过滤一下，这样南瓜汤吃起来更加的细腻、美味。

2. 淡奶油放入后，不要煮太久，不然营养全跑了。

3. 有些人觉得这里放入洋葱会不好吃，但是煮南瓜汤时放入洋葱不但没有刺鼻的味道，而且汤的味道会更鲜。

4. 清水的量不要太多，只要刚刚没过南瓜和红薯就可以了，这样会比较稠一些，第二次放入汤锅中加淡奶油时，可以不加清水。

【营养价值】

1. 解毒。南瓜内含有维生素和果胶，果胶有很好的吸附性，能粘黏和消除体内细菌毒素和其他有害物质，如重金属中的铅、汞和放射性元素，能起到解毒作用。

2. 保护胃黏膜、帮助消化。南瓜所含果胶可以保护胃黏膜，免受粗糙食品刺激，促进溃疡愈合，适宜于胃病患者。南瓜所含成分能促进胆汁分泌，加强胃肠蠕动，帮助食物消化。

3. 防治糖尿病、降低血糖。南瓜含有丰富的钴，钴能活跃人体的新陈代谢，促进造血功能，并参与人体内维生素 B_{12} 的合成，是人体胰岛细胞所必需的微量元素，对防治糖尿病、降低血糖有特殊的疗效。

4. 消除致癌物质。南瓜能消除致癌物质亚硝胺的突变作用，有防癌功效，并能帮助肝、肾功能的恢复，增强肝、肾细胞的再生能力。

5. 促进生长发育。南瓜中含有丰富的锌，参与人体内核酸、蛋白质的合成，是肾上腺皮质激素的固有成分，为人体生长发育的重要物质。

【饮食宜忌】

- 尤其适宜肥胖者、糖尿病患者和中老年人食用。

- 南瓜性温，胃热炽盛者、气滞中满者、湿热气滞者少吃；同时患有脚气、黄疸、气滞湿阻病者忌食。

软糯中有脆的肉末榨菜蒸豆腐

肉末榨菜蒸豆腐，肉末的香，榨菜的脆，豆腐的软糯，层次特别丰富。

【食材用料】

猪肉末、榨菜、豆腐、葱、蒜、盐、海鲜酱油

【饮食做法】

1. 豆腐切片，码在盘子上。

2. 榨菜、蒜、葱、切末备用。

3. 锅内烧热油，爆炒葱、蒜、榨菜末。

4. 放入肉末，炒到肉末变色。

5. 放盐调味。

6. 放少许海鲜酱油调味。

7. 把炒好的肉末榨菜放在豆腐上，放入蒸锅蒸 10 分钟即可。

171

【美味小贴士】

1. 因为东北的豆腐很嫩，所以可选用北豆腐，用内酯豆腐也可以。

2. 调味要注意不要弄咸了，因为榨菜是咸的。

3. 豆腐不能蒸制时间过长，否则会出现蜂窝，影响口感。

4. 豆腐采用蒸的方法，可以最大限度保留它的营养。

【营养价值】

豆腐高蛋白，低脂肪，具有降血压，降血脂，降胆固醇的功效，生熟皆可，老幼皆宜，是益寿延年的美食佳品。

触感十足的戚风蛋糕

戚风蛋糕属海绵蛋糕类型，质地非常轻软，组织蓬松，水分含量高，味道清淡不腻，口感滑润嫩爽。

【食材用料】

鸡蛋 4 个、富强粉 80 克、玉米淀粉 20 克、白醋 2 ~ 3 滴、白砂糖 60 克、牛奶 45 克、玉米胚芽油 45 克

【饮食做法】

[做蛋黄糊]

1. 首先将蛋黄和蛋白分离，分装在不同的容器里（放蛋白的容器要保证无油、无水、无蛋黄）。

2. 将蛋黄捣碎，加入砂糖 15 克拌匀至砂糖融化。

3. 加入 45 克的玉米油，拌匀。

4. 加入 45 克的牛奶，拌匀。

5. 加入富强粉和玉米淀粉的混合物，拌匀。

6. 拌匀后的蛋黄糊放置一边，等待一会和打发的蛋白拌到一起。（相比较之下用富强粉和玉米淀粉做出的蛋黄糊会比较黏稠一些。）

［打发蛋白］

1. 放蛋白的容器要保证无油、无水、无蛋黄，打蛋器的头也要干燥、无水无油，将蛋白低速打到鱼眼泡状后，加入 15 克糖，继续打。

2. 打到肥皂泡样子时，再加 15 克白糖，继续低速打。

3. 打到有纹路出现的时候，再加第三次糖，并滴入 2 ~ 3 滴白醋，继续打，转高速打发。

4. 打到这个状态就是干性发泡状态了，拉起的直角不弯曲就是打好了。

［将蛋白蛋黄混合并入锅烘焙］

1. 将打发的蛋白分 3 次拌入蛋黄糊中，左右前后的拌，不要转圈。

2. 所有的蛋白和蛋黄糊拌匀后的样子，应该是相当的蓬松。

3. 将电饭煲插上电源，按下煮饭键预热 3 ~ 5 分钟，之后取出内胆锅。将上一步骤中办拌好的面糊倒入内胆锅内，在台面上轻磕几下，排下气。没有防粘功能的锅，提前在锅内涂抹上色拉油或者黄油。

4. 将内胆放入电饭煲内，盖上盖子，按下煮饭键。

5. 煮了 10 分钟之后，把电饭煲的状态调整为保温，然后在排气阀上盖上湿毛巾，焖 20 分钟。20 分钟后拿掉毛巾，再按煮饭键，10 分钟后再跳到保温，再盖上湿毛巾，再焖 15 分钟，然后就可以打开看看有没有熟了。

6. 用一根牙签插入烤好的蛋糕中心，拔起来看如果没有粘物就是烤好了，反之，再盖上焖 10 分钟。

【美味小贴士】

1. 蛋白蛋黄分离后，放蛋白的容器要保证无油、无水、无蛋黄，打蛋器的头也要干燥、无水无油，不然打不发。鸡蛋不能是刚从冰箱里取出的。蛋白一般在 20 度的时候最容易打发。

2. 面粉一定要过筛，不然会有大颗粒。

3. 打蛋白的速度是从一开始的低速到后来的高速。

4. 两种面糊拌在一起的时候一定不可以转圈圈，不然会消泡泡的，上下左右前后的拌拌就可以了。

5. 倒入蛋糕模具的时候，端起来轻扣几下，可以排出面糊里的气体。

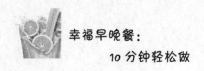
味甜易消化的玉米粥

玉米粥，即以玉米或者玉米粉为主要材料熬制成的粥。玉米是一种常见的杂粮，含多种维生素和矿物质，且亚油酸含量较高，经常食用对人体有不少好处。玉米粥味道香甜，且便于消化，适合作为早餐食用。

【玉米粥的做法一】

食材准备：

玉米面 100 克、黄豆粉 15 克

制作步骤：

在水快要煮开的时候，加入玉米及黄豆粉一起煮成粥状，趁微温时服用。

【玉米粥的做法二】

制作材料：

玉米粉 60 克、牛奶、鸡蛋、白糖、蜂蜜

制作步骤

1. 用牛奶将玉米粉调成糊，锅内加适量水烧沸后把牛奶玉米糊倒在锅

里不停地搅拌。

2. 用文火煮 5 分钟后把打散的鸡蛋淋在粥锅里，边倒边搅，待鸡蛋熟了，就可以关火。

【玉米粥的做法三】

食材准备：

嫩玉米 100 克、鸡蛋清 4 只、黄酒 10 克、清汤 750 克、精盐 1.5 克、味精 1 克、白糖 2.5 克、鸡油 15 克、菱粉 75 克

制作步骤：

1. 玉米去皮、洗净，加糖煮熟，约 20 分钟取出，稍凉后，用不锈钢食匙刮下玉米，并将鸡蛋清打散。

2. 将铁锅置于炉上，放入清汤、黄酒、盐、味精、玉米，烧开后，用菱粉勾成薄芡，飘入鸡蛋清，淋入鸡油推匀，起锅装碗。

【玉米粥的做法四】

食材准备：

牛奶 250 克、玉米粉 50 克、鲜奶油 10 克、黄油 5 克、精盐 2 克、肉豆蔻少许

制作步骤：

1. 将牛奶倒入锅内，加入精盐和碎肉豆蔻，用文火煮开，撒入玉米粉，用文火再煮 3 ~ 5 分钟，并用勺不停搅拌，直至变稠。

2. 将粥倒入碗内，加入黄油和鲜奶油，搅匀，晾凉后即可食用。

【美味小贴士】

要特别留意玉米的新鲜度，避免吃下玉米粉发霉后产生的致癌物质黄曲

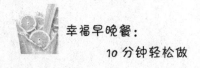
霉素。

【营养价值】

玉米不仅淀粉含量高，而且蛋白质、维生素、脂肪、纤维素及矿物质的含量也很高，因而国内外营养学专家将玉米称之为"黄金食物"。说玉米为黄金食物并不过分，玉米有抗癌作用，玉米含有丰富的维生素A，谷胱甘肽及镁，这些物质均具有抑制人体癌细胞的生殖、发展的作用。玉米所含的纤维素、胡萝卜素，不仅可增强肠壁蠕动，起到促进排便，排除毒素，预防肠癌的作用，还可分化癌细胞。国内外有关资料报道，以玉米为主食的地区，癌症发病率普遍较低，可能是玉米中富含镁、硒等微量元素及40%麸质的原因，这些物质可抑制肿瘤的发展，增加肠蠕动及胆汁排泄，促进废物排除。

玉米含有丰富的不饱和脂肪酸，其是胆固醇吸收的抑制剂，因而其在防老抗衰、防止动脉硬化方面的作用也令人激动不已。玉米胚芽中不饱和脂酸占85%，人体吸收率高达95%，其和玉米胚芽中的维生素E共同作用于人体，可降低胆固醇浓度，并防止其沉积，因而对冠心病、高血压、动脉硬化、心绞痛、心肌梗死及血液循环障碍、高黏血症、高脂血症等有良好的治疗作用。维生素E还可促进人体细胞分裂，延缓衰老，防止肌肉萎缩及骨质疏松。

玉米中的纤维素可吸收一部分葡萄糖，使血糖浓度下降，因而对糖尿病有一定的治疗效果。玉米中的维生素K能增加血中凝血酶原的作用，从而加强血液凝固，因而对出血性疾病有积极的治疗作用。玉米中含有多种易被人体吸收的赖氨酸，因而具有健脾开胃，增进食欲的作用。玉米中含有较丰富的谷氨酸，因而能促进脑细胞的发育，改善脑组织的血液循环，且《医林纂要》言其有"益肺宁心"的功效，对脑动脉硬化、神经衰弱、失眠、老年性痴呆等病症有治疗作用。

【饮食宜忌】

- 适于高血压、高血脂、冠心病、动脉硬化患者。

- 玉米忌和田螺同食，否则会中毒。

- 尽量避免与牡蛎同食，否则会阻碍锌的吸收。

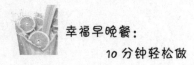
美味又滋补的山药胡萝卜鲫鱼汤

山药胡萝卜鲫鱼汤，奶白色的汤汁总是能让你的胃口大增，秋冬季节喝上一碗奶白色的鲫鱼汤美味又滋补。

【食材用料】

鲫鱼 1 条、胡萝卜半根、山药 100 克

【饮食做法】

1. 将鲫鱼刮鳞，去内脏，清洗干净备用。

2. 山药去皮，切成条状的片。

3. 胡萝卜用同样的方法切片。

4. 起油锅，放入适量的盐，放入鲫鱼。

5. 煎至两面金黄，放入适量的清水。

6. 煮出奶白色的汤汁后，放入山药和胡萝卜，盖上锅盖继续熬。

7. 起锅前放入适量的蔬之鲜。

8. 放入适量的盐，再熬半分钟即可起锅。

【美味小贴士】

1. 油锅中放入适量的盐是为了放入鲫鱼时不让油溅起来。

2. 最后放盐可以少一些或者是不放，因为前面已经放过了。

3. 煎鱼一定要把鲫鱼沥干水分，或者用厨房纸巾擦干水，煎鱼的时候油温也要高一些，这样煎出来的鱼皮不容易破。

4. 切好的山药最好是放到清水中，这样山药不会因为被氧化而变黑。

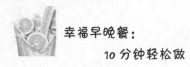
补脑提智的黑鱼豆腐汤

黑鱼，是乌鳢的俗称，又名乌
鱼、生鱼、财鱼、蛇鱼、火头鱼等。

黑鱼生性凶猛，繁殖力强，胃
口奇大，常能吃掉某个湖泊或池塘
里的其他所有鱼类。黑鱼还能在陆
地上滑行，迁移到其他水域寻找食
物，可以离水生活 3 天之久。早在
二千年前就被《神农本草经》与石
蜜、蜂子、蜜蜡（蜂胶）、牡蛎、龟
甲、桑螵蛸、海蛤、文蛤、鲤鱼等
列为虫鱼上品。

【食材用料】

新鲜的黑鱼 1 斤、新鲜的卤水豆腐 1 斤、葱、姜

【饮食做法】

1. 黑鱼清理干净，沥干水分。

2. 豆腐切成小方块备用。

3. 起油锅，爆香葱姜。

4. 下入黑鱼略煎一下。

5. 烹入料酒，加豆腐，加没过豆腐的热水，大火煮开。

6. 转中小火慢炖 20 分钟。

7. 20 分钟后，加白胡椒粉、盐和一点点味精（可以省略）调味。

8. 出锅前撒上葱花和香菜。

【美味小贴士】

熬汤的鱼，一定要选择新鲜度高的。

【黑鱼的营养价值】

黑鱼味道鲜美，非常有营养，吃黑鱼还有给伤口消炎的作用。

一般饭店的酸菜鱼很少用黑鱼做，大部分用草鱼（混子）做的，价格比黑鱼要便宜，市场上不太容易买到野生黑鱼，家养的黑鱼反应迟钝，营养价值比野生的低，购买黑鱼时，看看黑鱼的精神状态、质感等综合判断来考察是否为野生的。

1. 黑鱼肉中含蛋白质、脂肪、18 种氨基酸等，还含有人体必需的钙、磷、铁及多种维生素。

2. 黑鱼有祛风治疳、补脾益气、利水消肿之效。

【饮食宜忌】

• 有些人会对黑鱼过敏，食用后症状通常为腹泻、呕吐、皮肤起疹，伴随腰酸背痛等症状。刚吃的时候不会有什么不适，往往在食用后 5~6 小时发作，因此，小孩、老人等抵抗力差的人群应当注意。

若出现过敏症状，可以服用抗过敏药来缓解，通常 24 小时内会缓解，若症状较为严重，请去医院就诊，遵医嘱。

• 适用于身体虚弱，低蛋白血症、脾胃气虚、营养不良，贫血之人食用。

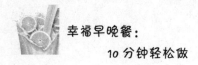
滋补养生的虫草花玉米汤

虫草花是北冬虫草的简称，也叫蛹虫草或蛹草，俗名不老草，是虫菌结合的药用真菌，现代珍稀中草药，北冬虫夏草属于真菌门，子囊菌纲，肉座菌目，麦角菌科，虫草属。它主要生长在我国的北方增加地区。北虫草不仅含有丰富的蛋白质和氨基酸，而且含有 30 多种人体所需的微量元素，是上等的滋补佳品。

【食材用料】

虫草花 25 克、玉米 300 克、猪脊骨 450 克、瘦肉 200 克、蜜枣 2 颗、姜少许

【饮食做法】

1. 瘦肉洗干净，切成块。

2. 玉米洗干净，切段备用。

3. 虫草花用水轻轻洗一下，快速取出，姜去皮，并且刀背拍一下，蜜枣洗干净备用。

4. 猪脊骨洗干净切块，并倒入开水锅中焯 10 分钟。

5. 10 分钟后，将猪脊骨取出，用清水冲去浮沫后沥干水分备用。

6. 汤锅中注入适量清水，加入除虫草花以外的所有材料。

7. 大火煮开后转中小火煮 1 小时，加入虫草花。

8. 转大火，煮至沸腾后继续煮 15 分钟即可。

【美味小贴士】

1. 虫草花最珍贵的就是附在虫草花子实体上具有食疗效果的真菌孢子粉，所以不要过度清洗，只需用水轻轻冲洗一下即可，以免真菌孢子粉流失，影响功效。

2. 虫草花煲汤时不宜长时间煲煮，以免香味散失、营养成分破坏，一般煮的时间不要超过 30 分钟。

3. 喝汤的时候，可按个人口味加入适量盐。

【营养价值】

虫草花，是人工培育的虫草子实体，属真菌类。虫草花的性质平和，不寒不燥，对于多数人来说都可以放心食用，并且它含丰富的蛋白质、氨基酸以及虫草素、甘露醇、SOD、多糖类等成分，能够综合调理人体内环境，增强体内巨噬细胞的功能，对增强和调节人体免疫功能、提高人体抗病能力有一定的作用。有滋肺补肾护肝、抗氧化、防衰老、抗菌抗炎、镇静、降血压、提高机体免疫能力等功效。

这汤还有美容润肤的效果，尤其可快速消除蝴蝶斑。并具有壮阳补肾作用，增强体力，提高大脑记忆力的功效。

【饮食宜忌】

● 脑力劳动者，亚健康人群宜食。

- 易疲劳、易感冒、过肥过瘦、体弱、免疫力低者宜食。
- 腰膝酸痛、肾功能差者宜食。
- 面部色斑、晦暗者宜食。
- 年老体弱、病后体衰、产后体虚者宜食。

止咳化痰的香橙炖蛋

秋冬一到，咳嗽的人也多起来。香橙炖蛋做法简单，又有止咳化痰的功效。

【食材用料】

橙子1只、鸡蛋50克、牛奶25毫升、糖20克

【饮食做法】

1. 橙子从顶端1/3处切开。

2. 挤出橙汁备用。

3. 将橙子内部的筋膜去除干净。

4. 橙汁里加入糖搅拌至融化。

5. 用小茶筛过滤掉果渣，取出果汁留用。

6. 鸡蛋打入碗中，橙汁、牛奶备齐。

7. 鸡蛋打散，加入约 30 克（约两大汤匙）橙汁搅匀后，加入等量牛奶搅匀。

8. 再一次用小茶筛过滤掉杂质。

9. 空橙子放入小碗内固定，再倒入牛奶香橙蛋液至八分满，表面包上保鲜膜。

10. 蒸锅中水开后，将橙子放入，中火蒸约十分钟即可。

【美味小贴士】

1. 一个鸡蛋正好可以炖三个，防止边上两个侧倒。

2. 香橙汁本来就很甜，所以这是道标准的甜食（无须其他调料），不要蒸太过，不然橙皮会熟烂，蛋也老了。

3. 挖出来的果肉可以当餐后水果吃。

【营养价值】

橙子是个好东西，含有丰富的维生素 C、钙、磷、钾、β－胡萝卜素、柠檬酸、橙皮甙以及醛、醇、烯等物质。橙皮中胡萝卜素含量较多，可作为健胃剂、芳香调味剂。橙皮还含一定时橙皮油，具有止咳化痰的功效。可以改善秋季容易引发的感冒咳嗽或因饮食过于油腻而引起的积食等症状。

好吃又简单的椒盐蘑菇做法

椒盐蘑菇是平菇加上椒盐，营养丰富，味道鲜美，也可以使用普通蘑菇。

【食材用法】

平菇200克、植物油400克、花椒粉2克、玉米淀粉25克、低筋面粉25克、盐2克、鸡蛋1个、水50克

【饮食做法】

1. 将玉米淀粉、低筋面粉、放入容器中，搅拌均匀，加入鸡蛋，再搅拌的过程中加入水和盐，拌至均匀，制成香酥糊。

2. 平菇切去根部后洗净，用手将水分攥出，撕成2厘米宽的长条。

3. 将香酥糊中的全部食材倒入碗中。

4. 搅拌均匀。

5. 接着放入平菇条，用筷子翻拌至每根都均匀蘸裹上香酥糊即可。

6. 锅中倒入植物油，烧至八成热时，将平菇条一根一根放入，不要一

189

起放入，否则会黏成团无法分开。用中小火炸，直至浮起在油面上，呈淡黄色即可。

7. 捞出后沥干油分，撒上花椒粉即可食用。

【美味小贴士】

1. 蘑菇洗净后会带有水分，要用手攥干净，否则炸好后香酥的外皮会因为返潮而变皮，就不好吃了。

2. 低筋面粉和玉米淀粉的比例是 1：1。

要想做出好吃的椒盐蘑菇，调好香酥糊可是最重要的一步。但是做法是超简单的，把食材混合拌匀就行。如果想更省事，也可以把花椒粉直接调入香酥糊中，这样炸好后就能吃了。撒上自己现炒的花椒打磨的粉，味道会更好。

【营养价值】

1. 平菇含有抗肿瘤细胞的硒、多糖体等物质，对肿瘤细胞有很强的抑制作用，且具有免疫特性。

2. 平菇含有的多种维生素及矿物质可以改善人体新陈代谢、增强体质、调节自己神经功能等作用，故可作为体弱病人的营养品，对肝炎、慢性胃炎、胃和十二指肠溃疡、软骨病、高血压等都有疗效，对降低血胆固醇和防治尿道结石也有一定效果，对妇女更年期综合症可起调理作用。

开胃滋补的苦瓜鱼头汤

苦瓜以味得名，苦字不好听，广府人又唤做凉瓜。苦瓜形如瘤状突起，又称癞瓜；瓜面起皱纹，似荔枝，遂又称锦荔枝。用鱼头来煲苦瓜汤，这汤水绝不沾腥味，所以苦瓜又有"君子菜"的别称。民间有这样一说："吃鱼的女士更漂亮，吃鱼的先生更健康，吃鱼的孩子更聪明。"尤其是鱼头含有十分丰富的鱼胶蛋白和碳水化合物，易于被人体吸收，对美容和皮肤靓丽是很有作用的！因此，美食界有"食肉不如食鱼，食鱼贵食鱼头"之说。

【食材用料】

苦瓜 400 克、大鱼头半个（约 300~400 克）、生姜 4 片

【饮食做法】

1. 苦瓜去瓤，切块。

191

2. 大鱼头洗净，去鳃，抹干水。

3. 煎至微黄，加入清水 1750 毫升（约 7 碗量）。

4. 水滚沸后下苦瓜，改中小火煲约 40 分钟。

5. 40 分钟后，调入盐，或下少许胡椒粉便可，这是 3～4 人的量。

【营养价值】

苦瓜乃夏令良蔬，其维生素 B 含量居瓜类之冠，维生素 C 的含量也很高，是冬瓜的 5 倍、丝瓜的 10 倍、青瓜的 21 倍。

中医认为它有清暑去热、明目解毒的功效。进食时有一股甘苦的气味，但清香爽口、解暑生津、清凉去暑，并能增进食欲，且它从不把苦味传给搭配的食材，却善于把搭配食品的美味吸纳。苦瓜鱼头汤，鲜美清润可口，能清热、生津、开胃、滋补，为暑热时有益的汤水。

冰爽香甜的芒果白雪黑糯米

软糯的糯米球，丝丝糯米香甜，配上浓郁的椰浆和冰激凌，再搭上果香浓郁的芒果，冰爽香甜，经典美味！

【食材用料】

芒果1个、黑米100克、芒果冰激凌50克、椰浆150毫升、淡奶油30毫升、细砂糖25克

【饮食做法】

1. 黑米提前浸泡2小时以上，加入细砂糖。

2. 加水没过黑米3厘米，电饭锅按下煮饭键，煮至按键跳起后，过3分钟重按一下，按键再跳起后，黑米饭就煮好了。

3. 黑米饭凉后，用手蘸点水，搓成圆球。

4. 冰激凌和椰浆，牛奶混合，用搅拌机打至出现泡沫。

5. 搅拌好后，将其轻轻倒入甜品碗里，并将泡沫轻铺在表面。

6. 芒果对半切成两片，连皮切出网状纹路，轻轻一掰呈现菠萝形花纹。

　　7. 将芒果摆在碗中即可。

【美味小贴士】

　　1. 黑米必须提前浸泡，黑米不易蒸熟。

　　2. 揉黑米团的时候，手上沾点清水可以防粘。

　　3. 冰激凌，奶油，椰浆打的时候起泡沫即可，不要打太久。

　　4. 冰激凌最好用芒果，或者香草的。

平衡营养吸收的笋干炸酱面

炸酱面是北方非常家常的一道菜，各个地方做法也不同，现在南方较多人也喜欢吃炸酱面，夏天吃点炸酱面是非常有益于身体健康。

【食材用料】

绞肉 1/2 斤、豆干 10 块、笋 1 支、葱 2 支、蒟蒻 2 两、草菇 1/2 斤、豆瓣酱 4 大匙、太白粉水适量、面条 1 包、米酒 1 大匙、酱油 1 大匙、糖 1 小匙、胡椒粉 1 小匙

【饮食做法】

1. 先将绞肉拌入酒、胡椒粉、酱油，拌匀。

2. 将豆干、草菇、蒟蒻、笋切成丁，葱切末备用。

3. 锅内放 2 大匙油，倒入豆瓣酱爆香，再加入葱末和绞肉爆炒；接着将所有材料加入炒香后倒入糖和太白粉水苟芡。

4. 面条煮好后拌入上述酱料，就成了一碗香喷喷的炸酱面。

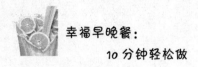

【营养价值】

　　笋干不仅是辅佐名菜，而且有相当多的营养和药用价值。竹笋含有丰富的蛋白质、氨基酸、脂肪、糖类、钙、磷、铁、胡萝卜素、维生素 B_1、维生素 B_2、维生素 C。每 100 克鲜竹笋含干物质 9.79 克、蛋白质 3.28 克、碳水化合物 4.47 克、纤维素 0.9 克、脂肪 0.13 克、钙 22 毫克、磷 56 毫克、铁 0.1 毫克，多种维生素和胡萝卜素含量比大白菜含量高一倍多；而且竹笋的蛋白质比较优越，人体必需的赖氨酸、色氨酸、苏氨酸、苯丙氨酸，以及在蛋白质代谢过程中占有重要地位的谷氨酸和有维持蛋白质构型作用的胱氨酸，竹笋中都有一定的含量，是优良的保健蔬菜。据医家研究，由于笋干含有多种维生素和纤维素，具有防癌、抗癌作用。发胖的人吃笋之后，也可促进消化，是肥胖者减肥的佳品。养生学家认为，竹林丛生之地的人们多长寿，且极少患高血压，这与经常吃笋有一定关系。

　　据有关部门测定，笋含有糖类 2%～4%，脂肪类 0.2%～0.3%，蛋白质 2.5%～3%，并含有胱氨酸、谷氨酸等 18 种氨基酸和多种维生素，以及磷、钙等人体所需的营养成分。例如由冬笋制成的"玉兰片"，100 克中含有 19 克多的蛋白质，以及丰富的钙、磷、铁等无机质。研究表明，由于笋干含有多种维生素和纤维素，具有防癌、抗癌作用。发胖的人吃笋之后，也可促进消化，减少脂肪。

　　竹笋性味甘寒，还具有解暑热、清脏腑、消积食、生津开胃、滋阴益血、化痰、去烦、利尿等功能，也是一款绿色无公害的保健食品。

清爽脆嫩的凉拌芥蓝丝

　　芥蓝，柔嫩、鲜脆、清甜、味鲜美，是甘蓝类蔬菜中营养比较丰富的一种蔬菜，夏天很适合用来凉拌。

【食材用料】

　　粗芥蓝、红椒、芥末、醋、生抽、糖、盐、味精、橄榄油

【饮食做法】

　　1. 芥蓝去叶留茎，刨去皮切成细丝，红椒去柄和籽切丝。

　　2. 锅里放水烧开，下芥蓝丝焯15秒钟捞起，下冰水过凉后滤水。

　　3. 根据口味将适量芥末、醋、生抽、糖、盐、味精、橄榄油混合调匀成调味汁。

　　4. 将调味汁淋在芥蓝丝和红椒丝上拌匀即可。

【营养价值】

　　芥蓝，为十字花科一年生草本植物。以肥嫩的花薹和嫩叶供人们食

197

用，质脆嫩、清甜，产于中国广东等地。由于茎粗壮直立、细胞组织紧密、含水分少、表皮又有一层蜡质，所以嚼起来爽而不硬、脆而不韧。胡萝卜素、维生素 C 含量非常高，并含有丰富的硫代葡萄糖苷，它的降解产物叫萝卜硫素，为抗癌成分，经常食用还有降低胆固醇、软化血管、预防心脏病的功能。炒芥蓝时可以放点糖和料酒，糖能够掩盖它的苦涩味，料酒可以起到增香的作用。

芥蓝对肠胃热重、头昏目眩、熬夜失眠、虚火上升，或因缺乏维生素 C 而引起的牙龈肿胀出血，很有帮疗功效。坊间流行将芥蓝切片，煮成清汤，带温饮用，也可加入西洋菜和莲藕同煮。

芥蓝含丰富的维生素 A、C、钙、蛋白质、脂肪和植物糖类，有润肠去热气，下虚火，止牙龈出血的功效。

但是，吃芥蓝的前提是要适量，数量不宜太多，次数也不应太频繁。中医认为，芥蓝有耗人真气的副作用，久食芥蓝，会抑制性激素分泌。中医典籍《本草求原》就曾记载，芥蓝"甘辛、冷，耗气损血"。

养颜佳品菠菜豆腐汤

菠菜豆腐汤是民间的传统家常汤菜，以其清淡爽口而深得人们喜爱。

【食材用料】

菠菜 250 克、豆腐 250 克、水发海米 25 克、猪油 40 克、精盐、味精、酱油、麻油、葱姜丝适量

【饮食做法】

1. 将菠菜洗净切成 2 厘米长段，豆腐切成长 4 厘米，宽 3 厘米，厚 1 厘米的长方块。

2. 锅内放油加热至四成热，放入豆腐块，煎至两面呈金黄色（不宜太深），加入清汤、海米、精盐、酱油、葱姜丝。

3. 等汤开后撇去浮沫，放入菠菜，见汤汁烧开、菠菜变绿色时，放入味精，淋麻油即成。

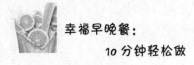
【营养提示】

众所周知，豆腐和菠菜都是很有营养的家常菜，而两者的搭配更是营养丰富。

豆腐中还有丰富的蛋白质，而且豆腐蛋白属完全蛋白，不仅含有人体必需的八种氨基酸，而且比例也接近人体需要，营养价值较高；有降低血脂，保护血管细胞，预防心血管疾病的作用。此外，豆腐对病后调养、减肥、细腻肌肤亦很有好处。

菠菜中含有大量的β胡萝卜素和铁，也是维生素B6、叶酸、铁和钾的极佳来源。其中丰富的铁对缺铁性贫血有改善作用，能令人面色红润，光彩照人，因此被赞为养颜佳品。菠菜叶中含有铬和一种类胰岛素的物质，其作用与胰岛素非常相似，能使血糖保持稳定。丰富的B族维生素含量使其能够防止口角炎、夜盲症等维生素缺乏症的发生。菠菜中含有大量的抗氧化剂如维生素E和硒元素，具有抗衰老、促进细胞增殖作用，既能激活大脑功能，又可增强青春活力，有助于防止大脑的老化，防止老年痴呆症。哈佛大学的一项研究还发现，每周食用2~4次菠菜的中老年人，因摄入了维生素A和胡萝卜素，可降低患视网膜退化的危险，从而保护视力。

菠菜营养丰富，素有"蔬菜之王"之称，但菠菜里含有很多草酸。由于草酸极易溶于水，只需把菠菜在沸水中焯1分钟捞出，即可除去80%以上的草酸。先炒豆腐，再放焯过的菠菜，混在一起吃就没有问题了。

口感十足的辣拌黄瓜猪耳

猪耳朵，即猪的耳朵，富含胶质，多用于烧、卤、酱、凉拌等烹调方法。

【食材用料】

生猪耳朵、老抽、生抽、白糖、盐、香叶、姜、葱（打成葱结）、桂皮、干辣椒、花椒粒少许、料酒

【饮食做法】

1. 猪耳朵整理干净，放入清水中焯一下捞起。

2. 锅洗干净后再放清水，放入上述调料，大火煮上5分钟。

3. 放入猪耳朵大火煮开，继续煮上10分钟之后转小火慢慢卤，小火卤制过程中，可用筷子戳猪耳朵，感受其熟烂程度，熟烂后，取出晾凉。

4. 卤好的猪耳朵切去边缘的不规则部分。

5. 剩下的切片。

6. 切好的黄瓜跟猪耳朵放到碗中。

7. 调汁，凉白开中加入少许生抽、醋、白糖，最后放少许芝麻、花生、辣油。

　　8. 浇入汤汁，拌匀即可。

〖美味小贴士〗

　　1. 卤猪耳朵时注意别太熟烂，要保证有点嚼头。

　　2. 卤猪耳朵时建议酱油量不用放太多，凉拌的颜色太深不好看。

　　3. 切猪耳朵的时候要切薄片，方法就是切的时候刀要适当斜一点，不要直直的切下去。

　　4. 黄瓜要留点绿绿的皮，盛盘的时候，会更好看。

养胃益气芦笋滚豆腐

芦笋的嫩茎为产品器官，嫩茎产生的数量及质量取决于鳞芽的数量及发育的状况。而鳞芽的数量和质量取决于地下茎的发育状态，鳞芽发育生长，嫩茎形成，依赖于肉质根中积累的养分

【食材用料】

芦笋300克、豆腐2～3块、豆腐皮100克、水发的黑木耳、香菇各30克、生姜丝少许

【饮食做法】

1. 将食材分别洗净，芦笋切段。

2. 豆腐切块、豆腐皮切丝；黑木耳撕为小朵；香菇切丝。

3. 在锅中加清水1500毫升（约6碗量）和姜，煮沸。

4. 水滚沸后，下木耳、香菇、豆腐、豆腐皮和芦笋，刚熟时下盐、麻油便可。

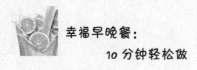
【营养价值】

　　芦笋在西方国家被誉为"世界十大名菜"之一，不仅味道好，且营养和药用价值十分高，还有抗癌的作用。豆腐、豆腐皮等均为大豆的制品，不仅有着大豆的营养价值，且更易为人体所吸收。再加入黑木耳、香菇等滚汤，鲜美清润可口，有健胃、养胃、益气的作用，既为初夏家庭美味素汤，又为慢性胃炎、消化性溃疡、胃窦炎、溃疡性结肠炎、痔疮出血及消化道癌的防治辅助汤饮。

消炎抗疲劳的凉拌金针菇

这是一个简单的快手菜，清爽适口但又不失鲜美。凉拌菜应是夏季的常客，在秋季里再做来吃就有了点回味的感觉。

【食材用料】

胡萝卜半根、黄瓜 1 根、金针菇 1 斤、蒜少许、苹果醋适量，糖适量、生抽少许、盐少许、香油少许、熟芝麻适量

【饮食做法】

1. 金针菇清洗干净，锅中烧水，水开后放入洗好的金针菇，等水再次沸腾之后，将金针菇捞出。

2. 黄瓜和胡萝卜切细丝，蒜切末。

3. 将金针菇和切好的黄瓜丝、萝卜丝、蒜末放在一起，调入调料，拌匀。

4. 腌制半小时即可食用。

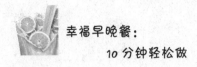
【营养价值】

金针菇学名毛柄金钱菌，又称毛柄小火菇、构菌、朴菇、冬菇、朴菰、冻菌、金菇、智力菇等。

1. 金针菇含有人体必需氨基酸成分较全，其中赖氨酸和精氨酸含量尤其丰富，且含锌量比较高，对增强智力尤其是对儿童的身高和智力发育有良好的作用，人称"增智菇"。

2. 金针菇中还含有一种叫朴菇素的物质，有增强机体对癌细胞的抗御能力，常食金针菇还能降胆固醇，预防肝脏疾病和肠胃道溃疡，增强机体正气，防病健身。

3. 金针菇能有效地增强机体的生物活性，促进体内新陈代谢，有利于食物中各种营养素的吸收和利用，对生长发育也大有益处，因而有"增智菇"、"一休菇"的美称。

4. 金针菇可抑制血脂升高，降低胆固醇，防治心脑血管疾病。

5. 食用金针菇具有抵抗疲劳，抗菌消炎、清除重金属、盐类物质、抗肿瘤的作用。

【饮食宜忌】

适合高血压患者、肥胖者和中老年人食用。

富含维生素的香菇扒菜心

菜心，为蔬菜物种之一，是中国人经常食用的蔬菜物种，特征是茎部绿色，有细小的菜叶，叶片为深绿色，而叶片间有黄色的小花，是一个单独的品种。

【食材用料】

小花菇、白菜、盐、蒜、白糖、蚝油、水淀粉、葱

【饮食做法】

1. 小花菇冲净表面的灰尘后用温水泡发，白菜对半剖开，洗净备用，蒜切末。

2. 烧一锅开水，加盐和几滴油，放入白菜焯水至断生。

3. 焯好的白菜捞出沥干水分，摆盘。

4. 热锅上油，油热后下蒜末煸香，倒入泡好的小花菇翻炒。

5. 调入盐，蚝油，白糖略炒后倒入泡香菇的水，焖 3～4 分钟，淋少许水淀粉后大火收汁。

6. 将焖好的香菇起锅放在菜心上，撒少许葱花即可。

【美味小贴士】

1. 焯水的时候，在开水锅里加盐和几滴食用油，焯出来的蔬菜色泽会更翠绿好看。

2. 在做这道菜时，香菇要提前泡发。泡发好的香菇冰箱冰藏可保存3天左右。

3. 如果家有高汤，用高汤浸白菜，味道更鲜。

【营养价值】

菜心品质柔嫩，风味可口，营养丰富。每千克可食用部分含蛋白质13～16克、脂肪1～3克、碳水化合物22～42克，还含有钙410～1350毫克、磷270毫克、铁13毫克、胡萝卜素1～13.6毫克、核黄素0.3～1毫克、尼克酸3～8毫克、维生素C 790毫克。

清热解火的凉拌皮蛋豆腐

皮蛋豆腐是一道汉族名菜，中国各地常见的家常菜、凉拌菜之一，制作简单，营养丰富，富含人体所需的多种营养成分。

【食材用料】

嫩豆腐、皮蛋、榨菜、香菜、酱油、香油、糖

【饮食做法】

1. 榨菜切成碎，皮蛋剥壳切成粒，香菜切好，并把酱油、糖、香油搅拌均匀调成料汁。爱吃辣的，还可以再调上辣油。

2. 豆腐用厨房纸擦干表面，然后再用厨房纸包住吸下水分，大概吸2分钟。

3. 用刀把豆腐切成片（厚度按自己的喜欢），用手轻微斜向的把豆腐排开，豆腐上面铺上一层榨菜，然后皮蛋，浇上调好的料汁，最后撒上些香菜，全部完成。

【美味小贴士】

1. 喜欢吃香菜的朋友，可以把香菜切碎了再撒在豆腐上，可以多

加些。

　　2. 选择哪种豆腐的问题，觉得完全可以按照自己的口味，但非常建议用口感爽滑又细腻的嫩豆腐来做这道凉拌豆腐菜。

　　3. 酱油不要加多了，榨菜本身就带咸味。

【营养价值】

　　皮蛋又称松花蛋、变蛋等，是我国传统的风味蛋制品，不仅为国内广大消费者所喜爱，在国际市场上也享有盛名。皮蛋，不但是美味佳肴，而且还有一定的药用价值。王士雄的《随息居饮食谱》中说："皮蛋，味辛、涩、甘、咸，能泻热、醒酒、去大肠火，治泻痢，能散能敛。"中医认为皮蛋性凉，可治眼疼、牙疼、高血压、耳鸣眩晕等疾病。

【饮食宜忌】

- 火旺者最宜食用。

- 少儿、脾阳不足、寒湿下痢者、心血管病、肝肾疾病患者少食。

- 松花蛋不宜与甲鱼、李子、红糖同食。

- 食用松花蛋应配以姜末和醋解毒。松花蛋最好蒸煮后食用，松花蛋里面还含有铅，儿童最好少吃。

- 不宜存放冰箱。

补肾壮阳的玉米甜豌豆炒虾仁

虾仁，一种食品。虾仁菜肴因为清淡爽口，易于消化，老幼皆宜，而深受食客欢迎。

【食材用料】

玉米50克、甜豌豆200克、虾仁8~10只、油1匙、生抽1/2匙、淀粉适量、盐少许、料酒1/2匙、姜一小块

【饮食做法】

1. 姜切末待用，玉米粒和甜豌豆用水烫后沥干、待用。

2. 虾仁划开背部，挑出沙线，加盐、生抽、料酒、淀粉抓匀待用。

3. 炒锅烧热后，倒入适量油，炒香姜末后，下虾仁滑炒到断生立刻盛出。

4. 炒锅略放少许油，下玉米和甜豌豆略炒，加盐调味后，倒入炒好的虾仁，混合均匀后即可出锅。

211

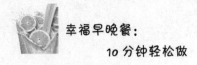
【美味小贴士】

1. 虾仁和玉米豌豆分开炒最后混合，能最大限度保留虾仁的嫩滑清脆口感，也可以炒好虾仁后直接加入玉米和甜豌豆，但炒的时间应尽量短、快。

2. 也可用嫩蚕豆代替甜豌豆，同样美味。

3. 为制作方便，可一次性买大量嫩豌豆和大虾，分别剥好按一份一包的量冻起来，需要时随时取出使用。或者更方便的办法是直接从超市买冷冻的虾仁和甜豌豆，但品质自然不如自己手剥的好。

【营养价值】

虾肉鲜美脆嫩，也热量较低，不易增加肠胃负担，同时还含有丰富的镁，镁对心脏活动具有重要的调节作用，经常食用，能达到健身强力的效果。

甜豌豆则含有丰富的赖氨酸，是人体需要的一种氨基酸，一种不可缺少的氨基酸，能促进人体发育、增强免疫功能，并有提高中枢神经组织功能的作用。

香醇润滑的西湖牛肉羹

西湖牛肉羹是江南传统名菜，由于它香醇润滑、鲜美可口，常会提前上席作为润喉开胃的羹汤。

【食材用料】

牛肉、南豆腐、蘑菇、鸡蛋清、香菜、葱、胡椒粉、盐、香油

【饮食做法】

1. 选好牛肉。

2. 牛肉剁成馅，越细越好。

3. 蘑菇切成小粒。

4. 豆腐切小粒，大小要和蘑菇统一。

5. 鸡蛋取出蛋清，用筷子打散。

6. 牛肉馅要先用凉水调开。

213

7. 水开后放入牛肉焯开，捞出血沫，然后盛出来备用。

8. 锅中下水或者鸡汤，如果是鸡汤最好，味道不是一般的好，然后放入蘑菇粒和豆腐粒，还有焯好的牛肉馅，煮开。

9. 稍煮一下，然后放盐，胡椒粉调匀，准备勾芡，勾芡的稠度自己掌握，喜欢喝顺滑的不用放太多。

【美味小贴士】

1. 做汤的时候切忌汤一直大开，撇完沫就关中火或者小火，因为汤大开一是破坏营养，二是汤容易变混浊，不美观。

2. 勾芡时一定要比自己预想的那种稠度稍微稀一些。

3. 下蛋清的时候要关小火，这样蛋白既可保持营养成分，还可以保持美观，不然大火一煮全乱。

4. 香菜末和葱末也可以分别放在碗里，然后用汤冲在上边也可以。

【营养价值】

牛肉是全世界人都爱吃的食品，中国人消费的肉类食品之一，仅次于猪肉，牛肉蛋白质含量高，而脂肪含量低，所以味道鲜美，受人喜爱，享有"肉中骄子"的美称。寒冬食牛肉，有暖胃作用，为寒冬补益佳品。中医认为：牛肉有补中益气、滋养脾胃、强健筋骨、化痰息风、止渴止涎的功能。

【饮食宜忌】

• 适用于中气下陷、气短体虚、筋骨酸软、贫血久病及面黄目眩的人食用。

• 牛肉含有丰富的蛋白质，其氨基酸的组成比猪肉更接近人体需要，能提高机体抗病能力，对生长发育及手术后、病后调养的人在补充失血和修复组织等方面特别适宜。

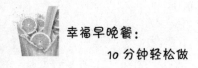
清心火的蚝油芥蓝牛肉

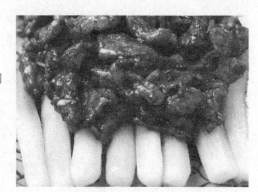

蚝油芥蓝牛肉是一道广东的名菜，营养含量非常的丰富。

【食材用料】

牛里脊半斤、芥蓝四两、生抽、老抽、蚝油、盐、糖、黄酒、胡椒粉、淀粉

【饮食做法】

1. 牛肉一定买不带水的，芥蓝要稍微粗一点。

2. 芥蓝去梗，梗上的硬皮备用，靠下的皮不老就不用削。

3. 牛肉横刀切薄片，先用 4 克黄酒和 1 克盐腌一下，接下来取一只碗里边放些淀粉，用水调开了，水别多了，刚刚能把淀粉调开就可以了，搅匀后一点点的打进牛肉片里边，顺一个方向搅拌，直到淀粉水完全吃进去，最后倒一点鸡蛋液抓匀。

4. 开火热锅烧水，锅里放 4 克盐和 10 克糖，再加少许油，烧开后把

芥蓝倒里边焯，水再开后煮半分钟捞出，控水装盘。

5. 开火坐锅倒油，油量大些，因为要滑牛肉，油温到四至五成热的时候下浆好的牛肉，牛肉进油里先不要动，等两秒钟，等大部分牛肉表面的浆受热固定后再搅动，不然容易脱浆，这样一来，就没有对牛肉的保护层了，那么牛肉肯定老了，滑完后倒入盘中控水和油。

6. 把滑牛肉的油倒一个碗里，不要刷锅，中火用锅底的油煸炒姜蒜末出香气，然后放滑好的牛肉，再下一点黄酒爆香，记得倒牛肉前把盘子里的水和油控干净，炒几下，放生抽、老抽、蚝油和少许胡椒粉大火快速炒匀，勾一点薄芡出锅即可。

【美味小贴士】

1. 芥蓝焯一下就可以吃了，因为焯的时候放盐和糖了，放糖焯是为了去掉一些芥蓝的苦涩味道，放油是让芥蓝更绿更有食欲，不必再炒，否则营养会有所流失。

2. 给牛肉打淀粉水要慢慢地一点一点地打，不要一下全倒进去，吸收不了，也可以打一些姜汁进去。

3. 最后炒牛肉的时候千万别放盐，因为腌制牛肉时已放过，炒牛肉时再放盐会太咸。

4. 生抽、老抽和蚝油最好事先放在一个小碗里，用时一下就倒进去，省得浪费时间，以免牛肉再变老。

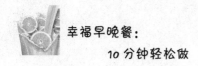
温经止血的艾叶团

艾叶为菊科植物艾的干燥叶，中国大部分地区均产。以湖北蕲州（李时珍的家乡）产者为佳，称"蕲艾"，因其得土气之宜，叶厚而绒多，用作灸治的材料，功力最大。

【食材用料】

新鲜艾叶、糯米粉 300 克、澄粉 50 克、黑芝麻馅、植物油

【饮食做法】

1. 将艾叶清洗干净，烧一锅水，水开后放点食用盐，将艾叶放进去焯 5 分钟。捞出，放在凉水里漂 30 分钟。

2. 将漂好的艾叶放入搅拌机里，加清水打成糊状，去汁或糊都可以，糯米粉倒入容器内，加入艾叶糊。

3. 混合成均匀的面团。

4. 澄粉中加入开水，搅拌成团。

5. 将糯米粉面团和澄面团，放入容器内揉成均匀的面团，加入猪油。

6. 充分揉均匀，成三光的面团。

7. 分成同样大小的小剂子。

8. 将小剂子按成片，放上芝麻馅。

9. 慢慢用手推上去收口。

10. 收好口后，放在两手掌之间，揉成光滑的青团坯子。

11. 做好的青团坯子，用模具压成模型。

12. 垫上一层油纸，均匀的摆入蒸锅内。

13. 冷水上锅，蒸十分钟左右，即可出锅。

【营养价值】

艾草又名香艾、蕲艾、艾蒿，性味苦、辛、温，入脾、肝、肾经。能散寒除湿，温经止血。适用于虚寒性出血及腹痛，对于妇女虚寒月经不调、腹痛、崩漏有明显疗效，是一种妇科良药。

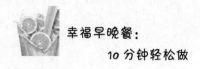
降血脂的绿豆糕

绿豆糕是著名的汉族特色糕点之一。绿豆糕按口味有南、北之分，北即为京式，制作时不加任何油脂，入口虽松软，但无油润感，又称"干豆糕"。

【食材用料】

绿豆粉 200 克、红豆沙一袋、纯牛奶 100 毫升、糖粉 60 克

【饮食做法】

1. 绿豆粉 200 克，糖粉 60 克，红豆沙一袋，纯牛奶 100 毫升。

2. 将绿豆粉与糖粉混合，倒入纯牛奶搅拌均匀，上锅蒸 30 分钟。

3. 取出放凉备用。

4. 掌心抹上色拉油，将绿豆粉和红豆沙分别搓出小球。

5. 取一个绿豆球，压平，包入一个红豆沙馅，搓圆。

6. 模具刷油，将包好的剂子用手压入模具内，按平按紧。

【营养价值】

1. 绿豆中所含蛋白质，磷脂均有兴奋神经、增进食欲的功能，是机体许多重要脏器增加营养所必需的。

2. 绿豆中的多糖成分能增强血清脂蛋白酶的活性，使脂蛋白中甘油三酯水解达到降血脂的疗效，从而可以防治冠心病、心绞痛。

3. 绿豆中含有一种球蛋白和多糖，能促进动物体内胆固醇在肝脏中分解成胆酸，加速胆汁中胆盐分泌并降低小肠对胆固醇的吸收。

4. 据临床实验报道，绿豆的有效成分具有抗过敏作用，可治疗荨麻疹等疾病。

5. 绿豆对葡萄球菌以及某些病毒有抑制作用，能清热解毒。

6. 绿豆含丰富胰蛋白酶抑制剂，可以保护肝脏，减少蛋白分解，从而保护肾脏。

【饮食宜忌】

● 孕妇、心脑血管系统疾病者、骨科疾病者、神经性疾病者、素体虚寒者等不宜多食或久食。

● 脾胃虚寒泄泻者慎食。

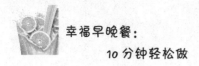

简便易学的蛋包饭

蛋包饭是日本一种比较普通且很受青睐的主食，由蛋皮包裹炒饭而成的菜肴蛋包饭不论是在韩国或日本，都是相当受到欢迎的料理，不仅可以在家做，也有餐厅供应，甚至还有专卖店销售。

【食材用料】

蛋、米饭、香菇、青瓜、虾仁、盐、番茄酱

【饮食做法】

［蛋皮］

如果是新手，可以在鸡蛋里多放一点淀粉然后加一点水搅匀。小火把锅均匀加热，然后锅里倒入少量油，并把锅端离火口，待锅的温度降至60℃时，将鸡蛋浆倒入锅中，持锅旋转，让浆汁流遍全锅，然后再把锅移至火口上，仍不断转动，待面浆成皮收汗、边缘翘起时，用手轻提皮的边缘出锅。

［蛋包饭］

1. 锅内热油至七分热时倒入除剩饭外所有的炒饭材料翻炒两分钟。

2. 放入适量的盐。

3. 放入剩饭。

4. 用铲子压平，不断翻炒，直到剩饭分成一粒一粒的。

5. 盛出备用。

6. 热油锅，蛋液平缓且均匀地下锅。

7. 鸡蛋饼翻一个面。

8. 将炒饭放入蛋皮中间。

9. 迅速蛋皮固定，盛入盘中，淋上番茄酱即可。

【美味小贴士】

1. 炒饭窍门。用来炒饭的米饭，最好是隔夜的米饭。

2. 蛋包饭的炒饭的材料可以随个人喜好随意搭配。

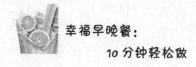

口味丰富的豉香金钱蛋

　　金钱蛋是湘菜的典型菜之一，是用煮好的鸡蛋切片经过炸制和爆炒而成，做成的鸡蛋黄灿灿，加上辣椒得搭配，色泽艳丽。

【食材用料】

　　6枚鸡蛋、青红辣椒、香葱、味级鲜、植物油、盐、淀粉、豆豉

【饮食做法】

　　1.3枚鸡蛋凉水下锅，煮10分钟左右，捞出放在凉水里浸泡一会，去壳，切厚片，青红辣椒洗净切圈，香葱洗净切末。

　　2.3枚鸡蛋打散，加少许淀粉和盐拌均匀，把鸡蛋片放进蛋液里裹均匀，热锅凉油，加鸡蛋片，炸到一面金黄色，翻面继续炸到两面金黄色捞起。

　　3.热锅凉油加青红辣椒豆豉炒出香味，倒入炸好的鸡蛋块，轻轻翻炒，加味级鲜，翻炒均匀，出锅，撒上香葱末即可。

【美味小贴士】

1. 把刀蘸水，切鸡蛋不粘刀。

2. 鸡蛋片裹上蛋液，蛋黄在炸制的过程中不易脱落，口感也更好了。

【营养价值】

1. 豆豉中含有很高的豆激酶，豆激酶具有溶解血栓的作用。

2. 豆豉中含有多种营养素，可以改善胃肠道菌群，常吃豆豉还可帮助消化、预防疾病、延缓衰老、增强脑力、降低血压、消除疲劳、减轻病痛、预防癌症和提高肝脏解毒（包括酒精毒）功能。

3. 豆豉味苦、性寒，入肺、胃经；有疏风、清热、除湿、祛烦、宣郁、解毒的功效；可治疗外感伤寒热病、寒热、头痛、烦躁、胸闷等症。

【饮食宜忌】

一般人群均可食用，尤其适合血栓患者。

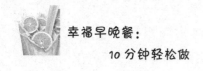
益于心脑血管健康的西红柿烧茄子

西红柿烧茄子是一道家常菜，主料为西红柿和茄子；茄子和番茄的搭配。

【食材用料】

西红柿 2 个、茄子 2 根、食盐 1 小勺、姜 1 片、蒜 5 瓣、生抽 1 大勺、小葱 1 根、白糖 1 大勺、植物油适量

【饮食做法】

1. 西红柿洗净切块；长茄子洗净切滚刀块；葱、姜、蒜切末备用。

2. 中火烧热锅中的油，待油温烧至六成热时，放入茄子块，炸至金黄，捞出沥净油分。

3. 锅中留底油，爆香葱姜蒜末（蒜末先放 1/3，留 2/3 最后用）。

4. 放入切好的西红柿块略炒出汤汁。

5. 放入茄子块翻炒片刻，放入生抽、盐和糖调味炒匀。

6. 最后撒上剩余的大蒜末拌匀即可出锅。

【美味小贴士】

1. 这道菜最后的蒜末是点睛之笔，临出锅前再撒上，蒜香会更加突出。

2. 茄子比较吸油，如果想要省油，可以将茄子撒上一点盐放入微波炉转 5 分钟，茄子八成熟，再来烧，就可以省略油炸这一步了。

【营养价值】

西红柿与茄子的搭配使其含有丰富的维生素 C，胡萝卜素及 B 族维生素。多食有益于心脑血管的健康，可有效预防消化道癌，肝癌，肺癌等疾病。

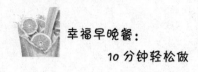
调理肠胃的腰果百合炒芹菜

　　西芹，又称洋芹，美芹，是从欧洲引进的新品种，植株紧凑粗大，叶柄宽厚，实心，质地脆嫩，有芳香气味。

【食材用料】

　　西芹 400 克、腰果 100 克、百合 30 克、食盐 3 克、鸡粉少许、葱 5 克、水淀粉 15 克、植物油适量

【饮食做法】

　　[前期准备]

　　1. 百合提前浸泡半天，挑选百合，有黑色的部分选出或者用剪刀修剪。

　　2. 西芹洗净，用刨丝器将表皮的棱削掉，斜着切成段。

　　3. 锅子烧开水，将芹菜放入，焯水 1 分钟，捞出，投凉。

　　[制作过程]

　　1. 锅烧热，倒植物油，中小火将腰果炒至金黄色。

2. 另起锅烧热，倒油，放入葱碎爆香，放入焯过水的芹菜。

3. 放入百合，放入炒香的腰果，再加盐。

4. 煸炒过后，放入调好的水淀粉。

5. 煸炒至芹菜表面挂均匀晶莹的汁，加入适量的鸡粉，出锅即可。

【美味小贴士】

1. 芹菜如果比较老，感觉表皮有硬丝，则可以用剥皮器将其削去，这样口感更嫩。

2. 炒腰果用中小火，火大了易糊。

3. 水淀粉勾芡，但是千万别厚了，试着放，太黏稠了会影响美观，薄薄一层，晶莹透亮的感觉最佳。

4. 如果买不到鲜百合，就用干百合代替，浸泡后，用剪刀修剪掉黑色的部分，品相好。

【营养价值】

芹菜含铁量较多，是缺铁性贫血患者的食疗佳品。芹菜中有一种能使血管平滑肌舒张的物质，可降低血压和胆固醇。芹菜中含有补骨脂素的成分，可预防牛皮癣。芹菜有降压安神、养阴润肺、养颜美容的功效，适用于虚火上升、心烦所导致的失眠等症。

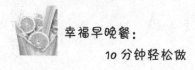
清肠胃的醋拌青笋萝卜

大鱼大肉后吃什么清肠呢？一道清肠佳肴——醋拌青笋萝卜不失为首选。

【食材用料】

青笋适量、胡萝卜适量、香醋适量、香油适量、香葱适量、蒜适量

【饮食做法】

1. 青笋切成细丝。

2. 胡萝卜切成丝。

3. 蒜剁成末，香葱切成葱花。

4. 胡萝卜用水焯一下，焯水的时候放一点盐和油，因为胡萝卜里面的维生素是脂溶性的，与油脂一样烹煮能使胡萝卜中的好东西释放出来被人体吸收。

5. 青笋与胡萝卜丝混合起来装入一个大盘里。

6. 加入适量的盐和味精。

7. 加入几滴香油。

8. 倒入香醋，醋可以稍多放一点。

9. 撒入香葱。

10. 拌匀装盘就完成了。

【美味小贴士】

这道菜做法非常简单，基本上是吃菜的原汁原味，不过在做这个拌菜时，不用放酱油，这样能保持青笋碧绿的颜色，让人赏心悦目。

【营养价值】

青笋也叫莴笋，南北都有，其营养成分很多，包括蛋白质、脂肪、糖类、维生素等多种物质，可增进骨骼、毛发、皮肤的发育，有助于人的生长，其中青笋还含有丰富的铁元素，并且非常容易被人体吸收，经常食用新鲜青笋，还可以防治缺铁性贫血。

胡萝卜素有"小人参"的美称，众所周知，胡萝卜不仅富含胡萝卜素，还富含维生素 B_1、维生素 B_2、钙、铁等维生素和矿物质。由于胡萝卜中的维生素 B_2 和叶酸有抗癌作用，经常食用可以增强人体的抗癌能力，所以被称为"预防癌症的蔬菜"。

(((生 活 小 知 识)))

每逢过年过节，餐桌上都离不开大鱼大肉，这样就很容易造成节后饮食失调，鱼类，肉类这些食物都是偏酸性的，所以要想清肠，还得注意食物结构的酸碱平衡，蔬菜水果大都偏碱性，可以适当多吃。

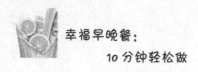
酥软甜糯的芝麻南瓜饼

芝麻南瓜饼是一道经典的汉族小
吃，香味醇厚。

【食材用料】

南瓜、糯米粉、黄油、白砂糖、白芝麻

【饮食做法】

1. 将南瓜洗净，去皮去瓤切成小块，平铺盘中覆上保鲜膜（膜上扎两孔）放入微波炉中，中火加热，约 5 ~ 6 分钟即可。

2. 取出南瓜放入大盆中捣碎，趁热将白砂糖、黄油倒入拌匀，摊凉备用。

3. 糯米粉过筛加入盛南瓜的盆中，分次添加糯米粉，搅拌搓揉至面团不粘手时即可。

4. 将面团醒 15 分钟左右，取适量面团放在掌心中搓揉成团，成团后轻轻按扁成圆饼状，两面轻拍上白芝麻，煎锅烧热，刷上薄油，将饼胚逐一制好放入锅中，煎至双面金黄酥香即可。

【美味小贴士】

1. 南瓜饼也可根据个人口味夹馅制作，如红豆沙馅、芝麻馅，莲蓉馅等。

2. 南瓜饼可以一次多做些，平铺在大盘中放入冰箱冷冻，冻硬实后再将其取出放入保鲜袋中密封冷冻保存。速冻的南瓜饼随取随用，冻柜取出直接放入煎锅中煎软透就可以食用，几分钟就可以搞定又一顿早餐，很方便。

【营养价值】

南瓜含维生素 B、维生素 C 等多种营养素，南瓜中的果胶能调节胃内食物的吸收速率，使糖类吸收减慢。所含可溶性纤维素能推迟胃内食物的排空，控制饭后血糖上升。果胶还能和体内多余的胆固醇结合在一起，使胆固醇吸收减少，胆固醇浓度下降，吃南瓜还可以预防高血压以及肝脏和肾脏的一些病变。